名家问茶系列丛书

U0677229

茶加工制造

权启爱 著

100问

中国农业出版社

北京

总 序

　　世人说到茶，一定会讲到中国，因为中国是茶的原产地，茶文化的发祥地。而谈到中国，茶总是绕不开的话题，因为中国是世界茶资源积淀最深、内涵最丰富、呈现最集中的地方。

　　众所周知，中国产茶历史悠久，早在数千年前，茶就被中国人发现并利用，至秦汉时期茶事活动不断涌现，隋唐时期茶文化勃然兴起，宋元时期盛行于世，明清时期继续发展，直到民国时期逐渐衰落。20世纪50年代，特别是80年代以来，再铸新的辉煌。

　　茶经过中国劳动人民长期洗礼，早已成为一个产业，不但致富了一方百姓，而且美丽了一片家园，还给世人送去了福祉。茶和天下，化育世界。如今，全世界已有60多个国家和地区种茶，种茶区域遍及世界五大洲；世界上有160多个国家和地区人民有饮茶习俗，饮茶风俗涵盖世界各地；世界上有30多亿人钟情于饮茶，茶已成为一种仅次于水的饮料。追根溯源，世界上栽茶的种子、种茶的技术、制茶的工艺、饮茶的风俗等，无一不是直接或间接地出自中国，茶的"根"在中国。

　　由中国农业出版社潜心组织，中国茶生产、茶文化、茶科技、茶经济等领域有深入研究的专家学者精心锻造、匠心编纂，倾情推出"名家问茶系列丛书"，内容涵盖茶的文史知识、良种繁育、种植管理、加工制造、质量评审、饮茶健康、茶艺基础、历代茶人、茶风茶俗、茶的故事等众多方面，这是全面叙述中国茶事的担当之作，它不仅能让普罗大众更多地了解中国茶的地位与作用；同时，也为弘扬中国茶文化、促进茶产业、提升茶经济和对接"一带一路"提供了重要平台，对中国茶及茶文化的创新与发展具有深远理论价值和现实指导意义。

"名家问茶系列丛书"深耕的是中国茶业，叙述的是中国茶的故事。它们是中华文化优秀基因的浓缩，也是人类解读中华文化的密码，更是沟通中国与世界文化交流的纽带，事关中华优秀传统文化的传承、创新与发展。

"名家问茶系列丛书"涉及面广，指导性强，读者通过查阅，总可以找到自己感兴趣的话题、须了解的症结、待明白的情节。翻阅这套丛书，仿佛让我们倾听到茶的声音，想象到茶的表情，感受到茶的内心，可咏、可品、可读，对全面了解中国茶事实情，推动中国茶业发展具有很好的启迪作用。

丛书文笔流畅，叙事条分缕析，论证严谨有据，内容超越时空，集茶事大观，可谓是理论性、知识性、实践性、功能性相结合的呕心之作，读来使人感动，叫人沉思，让人开怀。

承蒙组织者中国农业出版社厚爱，我有幸先睹为快！并再次为组织编著"名家问茶系列丛书"的举措喝彩，为丛书的出版鼓掌！

是为序。

姚国坤

2024 年 6 月

目录

第三篇

红茶的加工

第十篇

新型茶的加工

第一篇 中国茶叶分类与品质特征

1. 中国茶叶产品如何进行分类和命名？

中国茶叶产品分类和命名方法有多种。

一是根据茶叶产品的加工过程有初制和精制两大阶段进行分类。将初制加工过程形成的产品称为初制茶，精制加工过程形成的产品称为精制茶。也就是说，按这种方法进行分类，可将茶叶分为初制茶和精制茶，即通常所说的毛茶和成品（商品）茶。

二是根据茶叶在加工过程中的发酵程度不同进行分类。由于茶叶加工过程中的发酵程度不同，可将茶叶分为不发酵茶、微发酵茶、轻发酵茶、半发酵茶、全发酵茶和后重发酵茶。不发酵茶主要是绿茶，微发酵茶主要是白茶，轻发酵茶主要是黄茶，半发酵茶主要是乌龙茶（青茶），全发酵茶主要是红茶，后重发酵茶主要是黑茶，从而形成了绿茶、白茶、黄茶、乌龙茶、红茶和黑茶中国六大茶类。

三是根据茶叶加工应用的原料茶不同进行分类。通常把以鲜叶为原料经过初制加工形成的初制毛茶，或者以初制毛茶为原料，经过精制加工而形成的精制茶，统称为基本茶类；以初制毛茶或精制茶为原料，经过不同的再加工工艺，所形成的茶叶产品称之为再加工茶。也就是说按这种方法进行分类，可将茶叶分成基本茶类和再加工茶类。简而言之，基本茶类就是以茶鲜叶为原料，经过初制和精制加工，形成初制茶或精制茶产品，即前述的中国六大茶类产品。再加工茶类就是以基本茶类为原料，经过再加工而形成的茶叶产品，除包括常见的花茶、紧压茶、袋泡茶等产品类型外，有时也把萃取茶和含茶饮料包括在再加工茶领域内。

中国茶叶产品的命名，有的是依照提供鲜叶的茶树品种而命名，如乌龙茶中的"水仙""乌龙""大红袍""铁观音"等成品茶名称。有的是依照鲜叶采摘时间与季节不同等而命名，如清明节前采制的茶叶称"明前茶"，雨水节前采制的茶叶称"雨前茶"，3—5月份采制的茶叶称"春茶"，6—7月份采制的茶叶称"夏茶"，8—10月份采制的茶叶称"秋茶"。当年采制的茶叶称"新茶"，往年采制的茶叶称"陈茶"。还有的根据成品茶叶的形状不同而命名，如形似瓜子片的安徽绿茶称"六安瓜片"，形似珍珠的浙江嵊州绿茶称"珠茶"，产自浙江、安徽、江西等茶区，形似眉毛的绿茶称"眉茶"等。还有的结合茶叶产地的山川名胜而命名，如浙江杭州的"西湖龙井"，安徽的"黄山毛峰"，江西的"庐山云雾"等。有的则根据加工制造工艺和应用的机具不同而命名，如用炒茶锅或炒干机炒制而成的茶叶成品称"炒青"，用烘干机具烘制而成的茶叶成品称"烘青"，利用蒸汽杀青而制成的茶叶成品称"蒸青"，在晒场上用日光晒干而制成的茶叶称"晒青"，茶叶经蒸压而成形的称"紧压茶"等。

2. 中国有哪六大茶类？主要品质特征如何？

中国六大茶类，即通常所称的基本茶类，包括绿茶、红茶、白茶、黄茶、乌龙茶（青茶）和黑茶。

绿茶的主要品质特征是"三绿"，即色泽绿、汤绿、叶底绿，简单地说就是干茶色泽绿润，冲泡后绿汤青叶，香气特征为清香或熟栗香，滋味爽口鲜醇，浓而不涩。红茶的主要品质特征是，干茶色泽乌黑油润，冲泡后红汤红叶。但由于加工过程中制造方法和应用的机具不同，不同类型红茶的外形和品质特点也有所差异，例如红碎茶的外形为颗粒状，而其他类型的红茶外形为条形。乌龙茶的品质特征主要是外形色泽青褐，故也被称作"青茶"。乌龙茶（青茶）冲泡后叶片上有红有绿，特别是偏重发酵的乌龙茶，叶片中间呈绿色，叶缘呈红色，素有"绿叶红镶边"之美称，乌龙茶汤色黄红，有天然花香，滋味浓醇，韵味独特。白茶的主要品质特征是芽头粗壮，高档成品茶的茶条表面满披白毫，毫色银白，有"绿装素裹"之美感，冲泡后汤色黄亮较浅，滋味鲜醇。黄茶的主要品质特征是冲泡后"黄叶黄汤"，特别是采用单芽或一芽一叶鲜叶为原料加工而成的黄茶，冲泡后单芽挺直，每颗芽尖均朝上直立，悬浮于杯中，颇有欣赏价值。黑茶一般鲜叶原料较粗老，成品茶叶色油黑或黑褐，故称作"黑茶"，黑茶主要是用作再加工茶紧压茶的原料茶，供边区少数民族饮用，所以又被称作边销茶。

3 中国六大茶类的加工分别有何工艺特点？关键加工工序是什么？

中国六大茶类中的绿茶加工的工艺特点是，在加工过程中首先对鲜叶进行杀青，就是利用高温，钝化鲜叶酶的活性，制止鲜叶中茶多酚的酶促氧化，使加工叶保持色泽绿翠，并蒸发部分水分，然后进行揉捻、干燥，形成绿茶产品。杀青是绿茶加工的关键工序。

红茶加工的工艺特点是，不像绿茶那样首先进行高温杀青，而是首先要进行鲜叶的萎凋，然后进行揉捻（切）和揉捻（切）叶的发酵，使揉捻（切）叶在有氧条件下，增强叶中的酶活性，促进多酚类物质在酶促反应作用下产生氧化聚合，其他有效化学成分也发生相应深刻变化，使绿色茶坯产生红变，然后再通过干燥，完成红茶成品茶加工，使成品红茶冲泡后具有红汤红叶等特有的品质特征。发酵是红茶加工的关键工序。

乌龙茶（青茶）是介于绿茶和红茶之间的一种茶类，其加工的工艺技术特点是，首先对鲜叶进行萎凋（晒青），然后再进行总称为做青的多次摇青和凉青，使鲜叶的茶多酚成分产生一定程度的酶促氧化反应即发酵，此段加工过程与红茶相似。完成做青的做青叶，然后通过炒（杀）青、揉捻或包揉、干燥等工序的加工，完成乌龙茶的制作，而后半段加工过程类似于绿茶。乌龙茶正是因为经过这种特殊的加工过程，促进了成品茶色泽青褐、有天然花香、滋味浓醇等特有品质风格。故做青是乌龙茶加工的关键工序。

白茶是一种微发酵的茶类，其加工工艺特点是不揉不炒。鲜叶经过薄摊在置于萎凋架上的竹筛中，进行自然萎凋或日光萎凋，然后再通过干燥，白茶的加工即完成。萎凋是白茶加工的关键工序。白茶正是因为有较长时间的萎凋与失水，形成白茶满披白毫、"绿装素裹"、滋味鲜醇等微发酵茶的品质特色。

黄茶的加工与绿茶加工过程相近似，不过其特点是在加工过程中增加了一道闷黄工序。正是因为闷黄，促进了黄茶冲泡后"黄叶黄汤"品质特征的形成。闷黄是黄茶加工的关键工序。

黑茶的加工，是在鲜叶原料进行杀青、揉捻或初步制成成品茶基础上，进行渥堆。渥堆是在缺氧条件下，加工叶通过酶促、微生物和湿热的综合作用，促进内含化学物质的变化，形成了黑茶叶色油黑或黑褐等独有的色、香、味品质特征。渥堆是黑茶加工的关键工序。

4 茶鲜叶进厂后应该作何处理？各处理方式的特点和适用茶类是什么？

进厂后的茶鲜叶原料，应及时进行验收分级，并进行贮青、摊放和萎凋等处理，为下一步的茶叶加工做好准备。

鲜叶验收时，首先对鲜叶嫩度进行判断与评定。鲜叶嫩度多用芽叶组成来判断，一般鲜叶中含有一芽一叶或更嫩芽头的比例越高则越嫩。同时还应对鲜叶匀度即鲜叶嫩度和质量的一致程度、鲜叶净度即不夹带杂物的程度和鲜叶新鲜度进行检验和判定。茶叶加工企业多依据嫩度指标为主，并结合其他指标高低，

进行鲜叶等级标准制定，并用于判定鲜叶等级高低和确定加工的茶叶类型。

鲜叶进厂时，特别是机采鲜叶，往往老嫩、长短大小混杂，故应进行鲜叶分级。鲜叶只有进行分级，方可根据分级后不同类型的鲜叶状况，确定加工的茶叶类型，以发挥鲜叶应用的最大潜能。鲜叶分级多在专门研制的鲜叶分级机上完成，茶叶分级机的筛网作前倾安装并作前后抖动运转，筛孔分成大小几段。把鲜叶送上筛网，鲜叶就一边前进，一边从不同大小的筛孔中漏下，达到分级目的。

鲜叶贮青、摊放和萎凋，均为茶叶加工过程中的鲜叶处理作业工序。其作业方式和应用的机具基本相同，最大的不同点是失水程度不一样和所适用的茶类不同。鲜叶处理作业常用的机具，通常有竹编篾垫和匾筐、帘架式摊青设备、贮青槽、红茶萎凋槽和大型自动摊青机等。

贮青属于鲜叶的保鲜范畴，在处理过程中鲜叶不失水，甚至还要适当喷水，增加鲜叶的含水量，保持鲜叶的新鲜度。贮青的目的，一是满足部分类型的茶叶加工需求，就是要求鲜叶原料要新鲜；二是当鲜叶供应量超过茶厂加工能力时，通过贮青尽可能延长鲜叶的新鲜度保持时间，保证茶厂有足够时间进行加工和茶叶加工品质良好。贮青用于蒸青绿茶加工的鲜叶处理，是蒸青绿茶加工的一种特殊需求。同时也被用于其他茶类加工时的鲜叶保鲜，延长加工时间。

摊放（摊青）是绿茶加工的重要工序，它要求鲜叶有一定程度的失水。一般情况下，进厂时鲜叶含水率在 75％以上，通过摊放失水，要求鲜叶含水率降至 68％～70％，鲜叶失重率为 15％～20％，然后投入杀青。摊放过程中，鲜叶内含物质会发生一定程度的物理化学变化，对绿茶产品的色、香、味等品质特征的形成有重要影响。

萎凋是红茶等茶类加工的重要工序，它要求加工过程中的失水要比摊放重。如工夫红茶用的细嫩鲜叶，进厂时的含水率一般在

75%以上，通过萎凋要求降至58%～62%，鲜叶失重率为39%～45%，粗老鲜叶要求含水率降至63%～65%，鲜叶失重率为27%～30%，然后投入揉捻。萎凋过程中，鲜叶水分逐渐蒸发，叶质变软，酶活性增强，引起多酚类物质等内含成分发生轻度酶促氧化，为红茶特有色、香、味品质特征的形成奠定基础。鲜叶萎凋除用于红茶加工外，还被用于乌龙茶、白茶等茶类的加工。

第二篇 绿茶的加工

一、大宗绿茶加工

5. 绿茶加工有哪些基本工序？各工序的目的及主要操作要领是什么？

所有的绿茶加工，除鲜叶摊放外，都有杀青、揉捻、干燥三大基本工序。

杀青是绿茶加工的首道工序，也是绿茶品质形成的关键工序。杀青的主要目的，是利用高温钝化鲜叶中酶的活性，制止叶中多酚类物质的酶促氧化，保持加工叶的色泽绿翠，形成干茶"绿叶清汤"的特有风格。杀青工序的主要操作要领是，在不焦的前提下应尽可能提高杀青温度，并在尽可能短的1～2分钟时间内使叶温迅速升高至70～80℃，"高温杀青，先高后低"，即前期杀青温度要适当偏高，保证杀青匀透，后期适当降低杀青温度，避免焦叶。

揉捻的主要目的，是通过揉捻，使加工叶形成条索，缩小体积，并同时适当破坏叶细胞，使部分茶汁附于茶条表面，冲泡时易于泡出。绿茶特别是名优绿茶，揉捻一般要求适当偏轻，避免加压过重，遵循"轻、重、轻"的加压原则，以免茶汁溢出过多，从而影响成茶的色泽绿翠。烘青绿茶和红条茶加工，往往采取多次揉捻，以保证茶条紧结，并保证茶汁不会溢出过多。揉捻应用的主要设备是盘式茶叶揉捻机。

干燥的目的，是进一步去除叶中的水分，同时使加工叶进一步成形，叶内化学成分也继续发生变化，形成并固定绿茶的色、香、味、形。茶叶干燥均用机械进行，有烘干和炒干等方式。不论是应用哪种形式，均要求干燥要充分，不能产生焦叶现象。

6. 绿茶加工中鲜叶摊放的目的是什么？主要技术操作要点有哪些？

从茶树上采下而送入茶厂的鲜叶，含水率一般为75%~78%，茶芽鲜活，色泽绿翠，表面有光泽，若马上投入加工，成茶会出现滋味青涩，香气低下，并且消耗的燃料也会增加，故绿茶加工在鲜叶进厂后一定要进行适当的摊放。

鲜叶摊放的目的是，适度减少鲜叶水分，使叶质变软，利于下一工序杀青，并节约能源。在摊放过程中，茶多酚轻度氧化，青草气散发，香气物质形成和增加，促进绿茶的外形、色泽、内质风味的形成。摊放是绿茶特别是名优绿茶加工不可缺少的工序，否则成品茶色泽灰暗，香气低沉，甚至青涩味严重，经济效益不能充分发挥。

鲜叶摊放时，不同品种、不同时间、不同产地、新老茶树采摘的鲜叶、晴天与雨水叶，应分开进行摊放。应注意在任何情况下，不允许将鲜叶直接摊放在泥土和水泥等地面上。常用的摊青机具，除竹编篾簟、匾筐外，有帘架式摊青设备、贮青槽、萎凋槽和大型摊青机等。鲜叶摊放厚度，高档叶2~3厘米，中、低档叶5~8厘米。大宗茶加工用鲜叶，多采用贮青槽和摊青机等大型摊放设备进行摊放，摊放厚度一般为20厘米，通风良好，可达1米左右。鲜叶摊放时间，一般为6~12小时，最长不超过24小时。摊放过程中要适当翻叶，翻叶要轻，不要损伤芽叶。当摊放叶的叶质变得柔软，叶面失去光泽，有清香出现时，即可投入下一工序的加工。

鲜叶摊放场所和车间应做到专用和清洁卫生，远离垃圾场、粪池、医院、畜牧场和交通干道等，以防止鲜叶被污染。

7. 绿茶加工中杀青作业的目的是什么？主要杀青方式有哪些？

杀青是绿茶加工的关键工序。其目的，一是利用高温钝化鲜叶中酶的活性，从而制止鲜叶中茶多酚的酶促氧化，保持加工叶的色泽翠绿；二是利用叶温的升高促进鲜叶中内含成分的转化，散发青臭气，发展香气；三是蒸发部分水分，使叶质柔软，韧性增强，利于下一道工序的揉捻成条和做形。

绿茶主要杀青方式有炒青、蒸青、微波杀青等。

炒青是中国绿茶杀青最常用的方式，使用的设备有锅式杀青机、间歇圆筒式杀青机和连续滚筒式杀青机等。可依据加工的茶叶类型、生产规模大小进行合理选用。锅式杀青机杀青，是将鲜叶投入加热的炒叶锅内进行翻炒，间歇圆筒式杀青机是将鲜叶投入加热转动的筒体内进行翻炒，达到杀青目的。这两种杀青机的缺点是作业不连续。滚筒式杀青机杀青，是将鲜叶连续投入旋转加热的杀青机滚筒内，随着筒体的旋转，鲜叶在筒内被导叶板推动前进并接受炒制，使叶温迅速升高，酶的活性钝化，从而保持杀青叶色泽绿翠，部分水分被蒸发，叶质柔软，完成杀青。连续滚筒式杀青机杀青产量高，作业连续，杀青质量良好，应用普遍。我国滚筒式杀青机的系列产品型号有 6CS－30、6CS－60、6CS－70、6CS－80、6CS－110 型等，如 6CS－80 型就是滚筒直径为 80 厘米的滚筒杀青机。滚筒杀青机的热源有燃煤、颗粒生物燃料、石油液化气或天然气和电、电磁加热以及热风等形式。燃煤机型因会造成环境污染，已逐步被颗粒生物燃料和电磁加热等机型所代替；热风杀青机型，是将专用高温热风发生炉产生的 300℃ 以上的热风送入滚筒，对鲜叶实施高温杀青，杀青充分，生产率高，但热风炉仍燃煤，需做好除尘，并且炉体制造需用部分高价钢板，热风炉价高，适用于大型茶叶加工企业应用；电磁加热机型，是利用电磁感应原理将电能转化为热能的滚筒杀青机，筒体自身发热，节能效果显著，杀青匀透，生产率高，多为大型机型，适用于大型茶叶加工企业。

蒸青方式杀青机型，是将鲜叶送入通有蒸汽的网带上或网筒内，一边前进一边接受蒸汽传热，完成杀青，杀青匀透，用于蒸青绿茶的加工。但蒸青叶含水率较高，需及时冷却和脱水，方可投入下一工序的加工。

微波杀青机型，是将鲜叶送入由多段谐振箱组成的微波杀青通道内，由专用输送带带动前进，由于鲜叶中含有水分，在微波的连续照射下，水分子产生极化，分子产生摩擦而产生热量，叶温上升，钝化酶活性，蒸发水分，完成杀青，可保证茶条内外杀青匀透。

因为鲜叶杀青方式和设备类型较多，茶叶加工企业可根据加工的茶叶类型、生产量和企业经济实力等，进行合理选用。

8. 绿茶加工中揉捻作业的目的是什么？主要作业方式有哪些？

揉捻是绿茶加工的重要工序。目的是通过揉捻，卷起茶条，初步形成条索，缩小体积，为成茶的美观外形奠定基础。同时，适当破坏加工叶的细胞组织，部分茶汁溢出附于茶条表面，成茶冲泡时茶汁易于泡出。

绿茶加工的揉捻作业，有人工揉捻和机械揉捻两种方式。

人工揉捻是在铺有竹编篾垫的揉捻台上进行，双手握杀青叶向前推滚团揉，或者将杀青叶装入白色棉布袋，初步紧束成团状，然后在木板上或专门搭构的木板斜坡上，用双脚进行团揉。目前已少用。

机械揉捻有单机间歇式揉捻和连续式茶叶揉捻机组进行的脉冲连续式揉捻两种方式。

单机间歇式揉捻作业，应用的设备为常用的盘式茶叶揉捻机单机。作业时，将杀青叶投入揉桶，盖上加压盖，在传动机构带动下，揉桶在揉盘上作水平旋转，揉桶内的加工叶由于受到揉桶盖压力、揉盘的反作用力、棱骨揉搓力及揉桶侧压力等，被逐渐揉捻成条,并使部分茶汁外溢,完成揉捻,打开出茶门揉捻叶排出机外。我国盘式茶叶揉捻机系列产品的型号有 6CR-25、6CR-35、6CR-45、6CR-55、6CR-65、6CR-90 型等,如 6CR-55 型揉捻机就是揉桶直径为 55 厘米的揉捻机,可根据加工茶类和生产量的不同,进行合理选用。茶叶揉捻机揉捻性能良好,可完成各种茶类的揉捻作业,但作业不连续,无法在连续化、自动化生产线中直接应用。

连续式茶叶揉捻机组是为了克服上述不足,将数台盘式茶叶揉捻机进行单行串联,或其中各半数机器分别单行串联后再行双行并联,安装在机架上,配套鲜叶称量、上叶、下叶输送设备和控制系统组成。揉捻机的结构与性能与单机作业机型相同,但机组中各台揉捻机的投叶量、揉捻时间及揉捻过程中的加压、松压、出茶等,均由单片机控制系统实施程序自动控制。各台揉捻机分别完成揉捻,并出叶到下部的茶叶输送振槽上,被送往下一工序加工,实现了脉冲式的连续揉捻。连续式茶叶揉捻机组解决了长期以来盘式揉捻机无法实现连续作业的难题,但机构相对复杂,投资较大,多用于大型茶叶加工企业和绿茶连续化、自动化生产线中。

9. 绿茶加工中干燥作业的目的是什么?主要干燥形式有哪些?

绿茶加工中的干燥作业是绿茶加工的最后一道工序。目的是继续蒸发去除加工叶中的水分,使干茶含水率降至规定标准之内,便于贮存和保管,同时使加工叶进一步成形,内含成分继续发生热物理化学变化,形成和固定绿茶的色、香、味、形。

绿茶的干燥方式和应用设备的类型较多,常用的干燥方式有晒干、炒干、烘干、焙干、冷冻干燥以及以上干燥形式结合的干燥方式等,可根据加工的绿茶产品类型不同进行合理选用。

晒干干燥方式主要用于晒青绿茶加工,在普洱茶原料滇青茶的加工中应用普遍,是将揉捻叶均匀摊放在专用晒场上用日光晒干。

烘干干燥,就是把揉捻叶均匀摊放在茶叶烘干机的金属百叶板

11

或网带上，随着金属百叶板或网带的运行，被送入烘干室内，热风发生炉产生的热风由风机、风管送至百叶板或网带下方，穿透百叶板或网带和叶层，蒸发水分，完成干燥。干燥迅速、均匀，成品茶的香气清新，滋味鲜爽。茶叶烘干机的类型较多，有手拉百叶式、自动链板式和盘式等，可适应不同类型绿茶的加工。

炒干干燥方式，就是将加工叶投入加热的炒茶锅或转动的加热炒茶滚筒内，不断翻炒，失水成形，完成干燥。炒制的绿茶产品具有特殊的釜炒香，香高味醇，外形美观，条索紧结，应用的设备有锅式炒干机和圆筒式炒干机等。

焙干方式，是将茶叶置于炭火等高温环境中焙烤，没有明火，只有高温，茶叶充分接受炭火的高温辐射热被干燥，并产生很高的焙火香。常用的设备有竹编烘笼和茶叶提香机等。

冷冻干燥，是将加工叶投入冷冻干燥机的真空冷冻干燥室内，先预冷至−18～−10℃，然后在高压真空状态下进行有限加热，加工叶中的水分便会直接由固态冰升华为气态的水蒸气而蒸发，达到干燥目的。冷冻干燥可保证干燥过程中茶叶中的香气物质和营养成分获得最大限度保留，色、香、味、形品质良好，并且干燥均匀与充分。

微波干燥与微波杀青的原理相同，系利用微波照射使加工叶内水分子产生极化而摩擦生热，蒸发叶内水分，完成绿茶干燥，特点是干燥匀透。

茶叶干燥方式和应用的设备类型较多，可根据加工的绿茶类型和产量高低需求进行合理选用。

10. 绿茶的主要类型有哪些？各种类型绿茶的品质特征怎样？

绿茶是我国生产量最多的茶类，全国所有茶区均有生产。其品质特征为干茶色泽绿润，冲泡后清汤绿叶，香气特征为清香或熟栗香，滋味爽口，浓而不涩。

绿茶的类型，按加工所用鲜叶原料的嫩度不同，可划分为大宗绿茶和名优绿茶（或称特种绿茶）。大宗绿茶是一种适合大众消费和用于出口的绿茶产品，所用的鲜叶原料相对而言较成熟，产品生产批量大。名优绿茶是绿茶中的高档产品，鲜叶原料细嫩，产品类型较多。

绿茶加工中由于采用的设备不同和加工工艺各异，成品绿茶产品的类型有炒青绿茶、烘青绿茶、蒸青绿茶、晒青绿茶等。

炒青绿茶成品茶按加工工艺和成品茶形状不同，又可分为长炒青绿茶、圆炒青绿茶（珠茶）等。长炒青绿茶的品质特征为：外形条索紧结、匀整、有锋苗，色泽绿润，内质香高持久，栗香明显，汤色黄绿明亮，滋味醇浓爽口，富有收敛性，叶底嫩绿明亮。圆炒青绿茶（珠茶）的品质特征为：外形颗粒圆紧重实，色泽墨绿油润，香气纯正，滋味浓醇，汤色与叶底黄绿明亮。

烘青绿茶，外形紧细完整，白毫显露，色泽深绿油润，汤色黄绿，香高味纯，耐冲泡，叶底黄绿明亮完整。

蒸青绿茶，外形条索细紧，挺直呈针形，匀称有尖峰，色泽淡黄绿，内质香气呈清甜香，滋味醇和，回味带甘，不涩口，叶底青绿色，忌黄褐和红梗红叶。

晒青绿茶按产地不同，产于云南的称"滇青"，产于四川的称"川青"，产于贵州的称"贵青"，产于湖北的称"鄂青"，产于陕西的称"陕青"等，现晒青绿茶主要被用作紧压茶的原料茶，以滇青茶为代表，外形条索肥壮，有白毫，色泽深绿油润，汤色黄绿明亮，滋味浓醇，收敛性强，叶底肥厚。

11. 长炒青绿茶应怎样进行加工？

长炒青绿茶是通过鲜叶摊放、杀青、揉捻、解块筛分和干燥等工序加工而成。

鲜叶摊放 常用的设备有摊青槽和专用摊青机等。鲜叶摊放应掌握的原则是嫩叶薄摊，老叶厚摊，摊叶厚度一般为 15～20 厘米，在通风良好的摊青槽进行摊放时，摊叶厚度可达 1 米左右。摊至叶质柔软，叶色由鲜绿转暗绿，无焦边红梗，青气消失，清香显露，含水率降至 68％～70％为适度。

杀青 杀青是包括长炒青绿茶在内的所有绿茶加工的关键工序。在长炒青绿茶加工的杀青过程中，要求正确掌握杀青时间、杀青温度和投叶量。杀青作业最常用的设备是滚筒式杀青机，杀青时间通常为 2.5～3.5 分钟。作业开始，要先开动机器使滚筒转动，再开启加热开关对滚筒加热。当筒温达到杀青要求，即可开始投叶，在作业开始后和结束前约 1 分钟，投叶量应适当多一些，避免产生焦叶。当看到有杀青叶从滚筒出口排出，开动排湿风机，使筒内水蒸气顺利排出。杀青作业过程中要随时检查杀青质量，根据杀青程度调整投叶量，以保证"杀匀杀透"。杀青结束前 5 分钟，要停止加热，杀青叶出净，滚筒还要继续转动 20 分钟，再行关机，以防筒体变形。杀青作业时，要求严格控制投叶量和杀青温度，例如 6CS－80 型滚筒杀青机，杀青温度要求控制在 200～250℃，投叶量为 200～300 千克/时。杀青叶色泽暗绿，折梗不断，青气消失，清香显露，手捏成团，松手可自动弹开，减重率为 35％～40％，含水率为 58％～62％，为杀青适度。出叶后的杀青叶应及时吹风冷却。

揉捻 应用的设备为盘式茶叶揉捻机，作业时要求正确掌握投叶量、揉捻时间和加压轻重。投叶量的多少，应根据揉捻机的机型大小来确定，如 6CR－55 型茶叶揉捻机，一般情况下每桶杀青叶投叶量约为 35 千克/时。投叶量过少，难以揉捻成条，投叶量过多，则会导致加工叶在桶内翻动受阻，揉捻不匀，下层多碎茶，上层多扁片。揉捻过程中的加压，应遵守"轻、重、轻"的原则，加压时间应掌握适当，加压过早、过重，会造成茶条扁碎，加压过轻则无法成条。揉捻时间长短应根据加工叶的老嫩而确定，中等嫩度的鲜叶通常揉捻时间为 45 分钟左右。当细嫩叶成条率达 80％～90％、粗老叶达 60％以上，有茶汁粘附叶面，手摸揉捻叶有粘手感为适度。揉捻叶出叶后，要尽快实施解块筛分和干燥，以避免叶色变黄。

干燥 长炒青绿茶的干燥由烘二青、炒干和辉干组成。烘二青采用茶叶烘干机，热风温度 110～120℃，摊叶厚度 2～3 厘米，时间 10～15 分钟，烘至含水率为 35%～40%，二青作业完成。出叶后的二青叶要求摊凉回潮 30 分钟，茶条回软，投入炒干。

炒干，一般分为两个阶段进行，第一阶段称作炒三青，采用八角炒干机进行炒制，筒温 100～110℃，投叶量为二青叶 25～30 千克，时间 30～40 分钟，炒至含水率为 15%～20%，出叶摊凉回潮 30 分钟，投入第二阶段的炒干。第二阶段炒干常被称作辉干，一般采用瓶式炒干机进行炒制，筒温 80～90℃，投叶量为八角炒干机炒制叶 30～40 千克，时间 90 分钟左右，炒制结束前 5 分钟要求迅速将筒温提高至 130℃左右，使叶温达到约 90℃，手摸烫手，含水率至 6%以下，手捻茶条成碎末，立即出叶摊凉，完成长炒青绿茶炒制。

12. 长炒青绿茶连续化、自动化加工生产线的设备组成和操作技术要点有哪些？

长炒青绿茶连续化、自动化加工生产线现在已在生产中普遍应用。生产线是由相关主机与输送装置等组成的摊青、杀青、揉捻与解块、烘二青、炒三青、辉干等机械模块和自动控制系统组成，实现了从鲜叶到干茶的全程连续化和部分自动化加工。以每小时加工 180～200 千克一芽二三叶鲜叶的长炒青绿茶生产线为例，各模块的技术性能和操作要领如下。

摊青模块 由连续式鲜叶摊放机（摊青机）为主机，与相关输送装置和控制系统组成。摊叶量、温度、时间等参数均可通过控制面板进行设定并实现自动控制。摊青厚度 10～15 厘米，温度 35℃上下，摊放时间 6～12 小时，摊放后的摊青叶含水率应控制在 70%左右。

杀青模块 以滚筒式杀青机为主机，并配套柜式摊凉回潮机与相应输送装置和控制系统组成。主机以 6CS - 80 型滚筒杀青机最常用，作业时的杀青温度为 300～320℃，投叶量为 180～200 千克/时，杀青时间 2.5～3.5 分钟，杀青叶含水率控制在 58%～62%，杀青叶出叶后，应摊凉回潮 30～45 分钟。

揉捻模块 由 6 台 6CR - 55 型揉捻机为主机，并配套热风滚筒式解块机与相应输送装置和控制系统组成。揉捻机每桶投叶量 30～35 千克，揉捻时间 40～60 分钟，投叶、揉捻与出叶时间、投叶量等均由控制系统实现自动控制。揉捻叶用筒径为 80 厘米的热风滚筒式解块机进行解块，热风温度 160～180℃，时间 2～3 分钟，出叶后吹风冷却。

烘二青模块 由 6CH - 16 型烘干机或 6CC - 80 型滚筒循环炒干机为主机，并配套柜式摊凉机、输送装置和自动控制系统组成。若采用烘干机烘二青，烘干机的热风温度为 110～120℃，摊叶厚度 2～3 厘米，时间为 10～15 分钟。若采用滚筒循环炒干机烘二青，筒体温度 110～120℃，投叶量 30 千克，循环滚炒时间 30～40 分钟，二青叶含水率要求达到 35%～40%。出叶后的二青叶，由柜式摊凉机进行摊凉，时间不少于 30 分钟。

炒三青模块 由 6CCP - 110 型八角炒干机或 6CC - 80 型滚筒循环炒干机为主机，并配套柜式摊凉机与相应输送装置和自动控制系统组成。八角炒干机炒三青，筒壁温度 100～110℃，投叶量为二青叶 25～30 千克，时间 30～40 分钟，炒至含水率为 15%～18%。炒制叶用柜式摊凉机摊凉，时间不少于 30 分钟。

辉干模块 由 6CCP - 100 型瓶式炒干机为主机，配套相应输送装置和自动控制系统组成。瓶式炒干机投叶量为 40 千克甚至更多，时间 90 分钟左右，筒温保持在 80～90℃，出叶前 5 分钟，迅速提高筒温至 130℃，使叶温达到 90℃，含水率达到 6% 以下出叶摊凉，完成长炒青绿茶炒制。

长炒青绿茶连续化、自动化加工生产线，可进行整条生产线的各类炒制参数的整体设定、修改和控制，也可进行各模块的参数分别设定、修改和控制，并具有工艺程序记忆功能。作业时，应注意时刻观察机器和控制系统的运转状况，发现故障，应停机进行调整和维修，恢复作业时应重新启动。作业结束，先关闭加热电源，生产线还要继续运行 20 分钟以上，方可全部关机。

13. 圆炒青绿茶（珠茶）应怎样进行加工？

圆炒青是我国特有的传统绿茶之一，代表性产品为珠茶。珠茶加工分为鲜叶摊放、杀青、揉捻、解块筛分、干燥等工序。摊放、杀青、揉捻、解块筛分等工序所应用的设备和操作方式，与炒青绿茶基本相似，仅参数掌握稍有差异，如珠茶杀青叶含水率较炒青绿茶略高，一般为 60%～64%，闷杀时间较炒青绿茶长 1～2 分钟，杀青要求匀透，叶质柔软，利于造型。同时珠茶加工的揉捻时间和加压均比炒青绿茶稍短和稍轻，杀青叶摊凉后要求及时揉捻，嫩叶揉 10～15 分钟，成条率要求在 85% 以上，老叶揉 15～20 分钟，成条率要求在 60% 以上，揉捻叶要及时进行解块和干燥。

珠茶的干燥可分为炒二青、炒小锅、炒对锅和炒大锅等工序。炒二青一般应用八角或瓶式炒干机，筒温 200℃，投叶量 30～35 千克，时间约 30 分钟，二青叶含水率一般要求 40% 为宜。炒小锅、炒对锅和炒大锅应用的设备都是 6CC-84 型珠茶炒干机。

炒小锅 在二青叶摊凉后进行，每锅投叶量 15 千克，开始时锅温 120～160℃，15～20 分钟后降至 90～100℃，弧形炒叶板的摆幅较大，以抛炒为主，时间 40～45 分钟，当炒制叶含水率降至 30%～35%、70% 以上茶条已钩曲、细小原料呈颗粒状，出叶并锅，投入炒对锅。

炒对锅 将 3 锅小锅叶并成 2 锅进行炒制。锅温控制在 60～80℃，叶温保持 40～45℃，弧形炒叶板的摆幅适当减小，使炒制叶在锅内能够翻动但不抛起，一般要求炒板每炒茶 4 次，茶坯在锅内全部翻转 1 周，时间 100～120 分钟，至中、下段茶有 80%～90% 形成颗粒，含水率降至 16%～18%、达八成干，出锅。

炒大锅 将2锅对锅叶并成1锅进行炒制。进一步减小弧形炒板摆幅，使茶叶抛高降低，仅在锅内翻滚。要求锅温先低后高并火力均匀，叶温一般要求为40℃左右，炒至手捏叶子稍感发硬时，要及时加盖，使叶温提高到50～55℃，并使锅内保持一定的温湿度，利于炒紧炒圆。炒制时视锅内温、湿度和成圆状况，锅盖要时盖时揭，经3～4小时、90%以上的面张茶已卷成颗粒、色泽墨绿富有光泽，冷后手捻成粉末，含水率达到约6%，出锅，完成珠茶炒制。

珠茶连续化加工，炒二青以前的各工序，已形成连续化生产线，模块构成和运行技术与长炒青绿茶连续化生产线相似，已实现连续化加工。而炒小锅、炒对锅和炒大锅等工序，目前仍多为单机炒制。

14 烘青绿茶应怎样进行加工？

我国烘青绿茶产区分布较广，产量仅次于炒青绿茶。主要加工工序除鲜叶摊放外，同样有杀青、揉捻和干燥三大基本工序。烘青绿茶加工中的鲜叶摊放、杀青和揉捻作业的技术要求和操作，与炒青绿茶相同，但揉捻程度要求充分，干燥过程全程采用烘干。

烘青绿茶加工中的成形，基本上都是在揉捻过程中完成的。揉捻作业强调嫩叶冷揉，中档叶温揉，老叶热揉，并要求揉捻叶在解块筛分的基础上，筛面茶要进行复揉，特别是机采鲜叶原料，往往老嫩混杂，通过筛分复揉，更利于粗大茶揉紧成条，减少碎末茶。揉捻作业的适度要求是，嫩叶揉熟不揉糊，老叶揉紧不揉松，嫩叶成条率达到90%，老叶成条率达到60%左右，细胞破碎率在45%左右，完成揉捻，出叶投入干燥。

烘青绿茶的干燥作业，分毛火和足火两步进行，应用的设备为茶叶烘干机，中间摊凉回潮。烘青绿茶的干燥作业，最忌讳的是加工叶产生烟气和焦气，故火功不宜偏高，要求正确掌握烘干机的作业温度和茶叶干燥程度。烘青绿茶加工的毛火亦称初烘阶段，烘干机的热风进风温度要求为120～130℃，摊叶厚度1～2厘米，时间

8~12 分钟。出叶后摊凉回潮 0.5~1 小时，至初烘叶回软，投入足火。足火也称足烘，烘干机热风进风温度为 100℃左右，摊叶厚度 2~3 厘米，时间 12~16 分钟，烘至含水率在 6%以下出叶，完成烘青绿茶加工。

烘青绿茶连续化、自动化生产线，除干燥工序外，与炒青绿茶基本相同。干燥工序的毛火和足火，分别由茶叶烘干机为主机组成的两组模块完成，已在生产中广泛应用。

15. 晒青绿茶应怎样进行加工？

晒青绿茶是一种靠日晒达到干燥目的的绿茶类型，故名。以滇晒青茶生产量最多，故以滇晒青为例介绍晒青绿茶的加工技术。

滇晒青茶以云南大叶种茶树鲜叶为原料，经过摊青、杀青、揉捻、日光晒干等工序加工而成。

摊青 鲜叶进厂后，应经过一定时间的摊青，以蒸发部分水分，使叶质变柔软，叶内部分化学成分向着有利于茶叶品质形成方向发展。摊青场所要求为不起灰水泥地面或铺地砖地面，凉爽清洁，空气流通，无阳光直射。理想的摊青室温应在 15℃以下，春茶摊青室温最高应不超过 25℃，夏秋茶最高则不超过 30℃。摊青厚度，春茶为 15~20 厘米、夏秋茶为 10~15 厘米，要求气温高薄摊，气温低略厚摊，嫩叶薄摊，老叶略厚摊。

杀青 常用的杀青设备为锅式杀青机或滚筒式茶叶杀青机。杀青过程中要求闷抖结合，失水均匀，杀匀杀透，杀青叶含水率要求为 60%~65%。出叶后的杀青叶，要求及时摊凉，特别是嫩叶要求凉透后再投入揉捻。

揉捻 云南大叶种鲜叶因叶质柔软，揉捻时加压不宜过重，揉捻程度也要求较炒青和烘青绿茶轻，揉捻时间以 8~10 分钟为好，茶叶成条率在 80%~85%为宜。揉捻叶要求进行解块筛分，粗头复揉，投入日光晒干。

干燥 滇晒青茶日光晒干在专用晒场上进行，直接摊在晒场上利用日光直接晒干，不需翻叶。晒至梗折可断，干燥刺手，含水率降到10％左右为适度，完成滇晒青茶的加工。晒干过程中应避免无关人员以及家畜等进入晒场，避免泥沙和其他夹杂物混入茶叶内。

16. 蒸青绿茶应怎样进行加工？

　　我国蒸青绿茶的加工盛行于唐代，用于"蒸青团茶"的制作。后"蒸青团茶"加工技术传播至日本，蒸青工艺形成日本绿茶的主要加工方式，沿用至今。而我国绿茶采用传统的蒸汽杀青工艺进行加工，仅保留在湖北和江苏等地，以湖北生产的恩施玉露最为典型，属名优特种茶范畴。现在国内生产的蒸青绿茶（煎茶）产品，设备和加工工艺技术大多从日本引进，并且多以连续化生产线方式进行加工，产品也多返销日本。日本煎茶的主要加工工序有贮青、蒸青、叶打、粗揉、中揉、精揉和烘干。

　　贮青　煎茶加工应用的鲜叶，特点是要求新鲜度好。故贮青作业多采用专用的大型贮青机，可吹风对鲜叶实施冷却，并采用超声波喷水雾方式保持鲜叶新鲜，在24小时内应确保鲜叶新鲜度良好。

　　蒸青　应用的设备为网筒式蒸青机，网筒转速30～31转/分，搅拌轴转速260～300转/分，蒸汽供应流量110～140千克/时，投叶量300～330千克/时，杀青时间控制在45～60秒，蒸青叶含水率约75％，叶色青绿，叶子正反面色泽一致，有黏性和清香为蒸青适度。

　　叶打　应用的设备为叶打机。在内壁镶有竹片的叶打机半圆筒内，采用炒耙对蒸青叶进行搅炒和吹热风，从而打散因含水率高而结成块的叶子，并适当失水，称之为"叶打"。叶子较嫩且含水率高，热风温度可控制在80～120℃，若叶子较老且含水率较低，热风温度则控制在70～80℃。叶打后的加工叶，要求减重率为20％～30％，色泽显鲜绿，无团块和红梗红叶，清香持久。完成叶打的加工叶即可送入粗揉机进行粗揉。

　　粗揉　在粗揉机中进行，粗揉机与中揉机的结构相似，都是以热风发生炉提供的热风为热源。粗揉转速控制在 38～46 转/分，热风温度为 80～100℃，投叶量为 70～75 千克，粗揉时间 16～18 分钟。粗揉叶的含水率要求达到 50%左右，叶色乌绿，手握成团，茶条柔软可塑，出叶后的粗揉叶，进入中揉机实施中揉。

中揉 一般在两台串联的中揉机中完成。转速控制在 25 转/分左右，前、后的中揉热风温度分别控制为 110～130℃ 和 100～120℃，前、后的中揉时间分别控制在 18 分钟和 20 分钟左右。中揉叶要求含水率 30%左右，叶色乌绿，手握成团，松手很快弹散，茶条柔软而不硬，出叶后的中揉叶，投入精揉机进行精揉。

精揉 在做形性能良好的精揉机内进行。炒叶器回转数控制在 46～52 转/分，锅温控制在 130～160℃，精揉时间 45 分钟左右，重锤在横梁上向前移动的刻度顺序为 3-3-4-6-12，后退复位的顺序为 6-4-4-2。精揉叶要求含水率达到 12%左右，叶色乌绿，茶条挺直光滑，出叶后精揉叶，送上烘干机实施烘干。

烘干 在茶叶烘干机上完成，目的是干燥茶叶并固定茶条形状和色、香、味。烘干以低温、长时间为好，高、中、低档茶的热风温度分别控制在 65℃、70～75℃和 75～80℃为宜。烘干时间控制在 15～20 分钟，干茶含水率达到 3%～4%，色泽深绿或鲜绿，有清香，无火味，出叶摊凉，完成煎茶加工。

17. 颗粒绿茶应怎样进行加工？

颗粒绿茶是一种形似红碎茶颗粒形状的绿茶，故名，又因其采用烘干方式干燥，故又被称为烘青碎茶，是我国近年开发的新型绿茶产品。

颗粒绿茶加工由鲜叶摊放、杀青、初揉、揉切、解块筛分、干燥、精制筛分等工序组成，采用连续化方式加工，并且已实现初、精制联合加工。以中国农业科学院茶叶研究所 20 世纪 80 年代开发的颗粒绿茶加工连续化生产线和加工技术为例，对颗粒绿茶初、精制全程加工技术说明如下。

鲜叶摊放与杀青　颗粒绿茶的鲜叶摊放和杀青所应用的加工技术和设备，与炒青绿茶相同，用摊青槽实施鲜叶摊放，并用滚筒式杀青机进行杀青。出叶后的杀青叶送入初揉机初揉。

初揉　采用茶叶揉捻机或专门设计的转子式初揉机轻揉，使杀青叶初步成条，揉后的初揉叶送入转子揉切机进行揉切。

揉切与解块筛分　将初揉叶送入705型绞切式转子揉切机进行揉切，经过初揉的加工叶从进茶口投入转子机，受转子旋转推进和挤压，在揉切螺旋与筒体内壁棱刀的共同作用下，初揉叶被切碎并被揉搓呈颗粒状，叶组织破损率要求达到95％以上，出叶后的揉切叶被送上茶叶解块筛分机进行解块筛分。解块筛分机配用筛网为6号筛和8号筛，6号筛的筛底为一号茶，8号筛的筛底为二号茶，6号筛筛面的头子茶再送入转子揉切机进行回切，并再经筛分和分号，分别归入一、二号茶，各号茶分别投入茶叶烘干机进行干燥。

干燥　应用茶叶烘干机进行干燥，设定温度为110℃，实际热风温度控制在120℃以内，可达到一次性烘干，并且含水率达到4％～5％，完成初制，投入精制筛分。

精制筛分　烘干后的颗粒绿茶初制茶出茶后，在烘干机的出叶输送带上装置由塑料辊子和毛毯辊子组成的塑料拣梗机拣除毛衣筋梗，并通过单层平面圆筛机初步分出筛号茶，再送上立式茶叶风力选别机进行风选，从而分出1、2、3、4号4个筛号茶，并用阶梯拣梗机将部分筛号茶中的长梗拣除，完成颗粒绿茶成品茶的加工。

生产中也有企业引用国外的洛托凡、C.T.C和流化床式烘干机用于颗粒绿茶的加工，除解块筛分工序以前的工艺操作技术外，揉切和烘干工序的加工技术与红碎茶基本相同。

18. 碾茶应怎样进行加工？

碾茶是抹茶的原料茶，我国的碾茶和抹茶加工技术均系近几年从日本引进。碾茶的加工工艺流程为贮青、切叶、蒸（杀）青、冷却、初烘、梗叶分离和叶茶复烘。

贮青 应用专用贮青机或贮青槽进行鲜叶贮青。摊青厚度不超过 0.9 米，适当应用雾化器对鲜叶喷湿降温，以保持鲜叶的新鲜度。

因为碾茶加工应用的鲜叶都比较粗长，故需经切短达到长短均匀利于加工。切叶应用的设备为专用切叶机，贮青叶通过输送带送上切叶机实施切叶。切后的鲜叶通过鲜叶筛分机筛除单片、鱼叶和杂质，送去蒸青。

蒸（杀）青 碾茶蒸（杀）青应用的设备有网筒式蒸青机和网带式蒸汽杀青机，前者多用。网筒式蒸青机蒸青，使用饱和蒸汽或微压过热蒸汽，投叶量为 350～400 千克/时，蒸汽需要量为 105～120 千克/时，网筒转速 40～50 转/分，搅拌轴转速 230～400 转/分，蒸青时间 30～40 秒，应最大限度保全蒸青叶中的叶绿素，使干茶色泽绿翠。

冷却 是碾茶蒸青叶处理重要和特殊的技术措施。常用的设备为蒸青叶冷却散茶装置。冷却散茶装置包括挂网式和硬架式两部分，挂网式长于冷却，蒸青叶在挂网内呈抛射运动，空气与叶子接触充分，且相对运动速度快，热交换效率高，散热效果好；硬架式长于散茶，蒸青叶在硬架机构内，一直处于流化状态，卷起的蒸青叶散开充分。两者结合可实现蒸青叶的冷却散热和散茶。冷却散热和散茶时要保证将蒸青叶在装置内用冷风吹至 5～6 米的高空中，并且要求上下反复 4～5 次，茶叶与空气充分接触，并且在腾空过程中逐步向前运动，使叶片均匀展开不再重叠，下落平铺于下方的链条网带上，送入碾茶炉实施初烘。

初烘 在特殊构造的碾茶炉内完成。碾茶炉一般长 13 米、宽 2 米、高 3 米，侧壁用红砖砌成，炉内烘烤的热源一是来自底层用燃油或天然气等烧红的钢板，二是炉内还置有管壁满布热风排出孔的排风管，炉膛、炉墙涂抹可辐射出波长大于 760 毫米的远红外线。炉内一般设有 3～5 层宽 1.9～2.0 米、每层长度为 10～15 米的不锈钢网状输送带，冷却叶均匀摊放在网带上，厚度约 2 厘米，被输送带带动前进，到达输送带顶端，靠风吹实现茶叶换层。炉内各层温度分为四段布置，1～4 段温度顺序为 160～200℃、120～

160℃、90～120℃、70～90℃，加工叶在输送网带运送的过程中，同时接受均匀烘烤和热风干燥，共经历20～25分钟，完成初烘，从出口排出，不仅保持了茶叶的鲜艳绿色，并形成了所特有的碾茶炉烘烤香和海苔香，初烘叶送入梗叶分离机进行梗叶分离。

梗叶分离 在梗叶分离机中进行。梗叶分离机的主要结构为一半圆形金属网，内置旋转螺旋刀，将叶片从茶梗上剥离。因为初烘叶叶片含水率已降至10%左右，茶梗含水率还有50%～55%，尚不易折断，送入分离机后，螺旋刀可将叶片从茶梗上顺利剥离，然后经风选机吹风分离，随后叶片被送往复烘。

叶茶复烘 叶茶复烘采用茶叶烘干机，热风温度70～90℃，时间15～25分钟，烘至含水率为5%以下，完成碾茶加工。

梗叶分离出的茶梗部分，一般还带有部分叶片，需要进一步烘干和二次梗叶分离，分离出的叶片，再送入烘干机复烘，烘至含水率5%以下，归入碾茶成品。

19. 抹茶应怎样进行加工？

抹茶的加工原料是碾茶，加工工艺流程有切茶、筛分、风选、色差拣梗、粉碎、筛分、金属探测、包装等工序。

切茶、筛分、风选与色差拣梗 应用滚齿切茶机等，将碾茶叶片切轧成0.3～0.5厘米大小的均匀碎片。然后用圆筛机进行筛分，分离叶片的长短或大小，并用抖筛机分离叶片的长圆或粗细，不符合规格的筛面茶，进行反复切轧筛分，直至符合规格为止。接着用风选机分出碾茶切后碎片的轻重，并去除黄片、茶梗及夹杂物等，然后用色差式拣梗机进一步拣出异色的茶梗、黄片等。

粉碎 是抹茶加工的关键工序。生产中常用的粉碎方式有石磨粉碎、球磨机粉碎、气流粉碎、振动粉碎等，可根据产品品质要求进行选用。

石磨粉碎，因石材不易导热，可最大限度保留叶中活性物质，并可将碾茶叶片粉碎成2～20微米的颗粒状，比普通绿茶粉细2～20

倍，冲泡后茶汤呈鲜绿色，无沉淀，被认为是质量最优的抹茶粉碎方式，但生产率低，一台石磨每小时仅能加工出 40～50 克抹茶。

球磨机粉碎，在我国抹茶的加工中使用较普遍。球磨机作业时，将原料茶和磨球一并装入球磨机滚筒中实施研磨，随着滚筒的高速旋转，磨球不断对叶片碰撞、挤压，叶片反复变形与断裂，最终形成超细粉体。球磨机每次可粉碎碾茶 20 千克，研磨时间 20 小时，抹茶粒度为 5～20 微米。

气流粉碎，是使压缩空气或过热蒸汽通过超微气流粉碎机的喷嘴时产生高速气流，并以高速气流作为颗粒的动力载体，使颗粒与颗粒之间或颗粒与固定板之间发生冲击性挤压、摩擦和剪切等作用，达到碾茶叶片粉碎之目的。气流粉碎时间一般为 1.5～2 分钟，小时投叶量可达 50～150 千克，粉碎后的抹茶产品颗粒细腻，并且气流在喷嘴处膨胀还能降温，抹茶品质良好。气流粉碎可连续进、出料，能大幅度调整加工量，生产率高。但气流粉碎存在机械运转噪声大、耗电量多、产品回收率低等不足。

振动粉碎，是利用振动式粉碎机振源的强力振动，使粉碎腔内碾茶叶片在动态状况下，受到磨棒高强度的撞、切、碾、搓的综合作用，短时间完成微米级粉碎或细胞破壁，抹茶粒度达到 5～100 微米，并装有流动冷水冷却装置，可保证抹茶品质良好。但该机也存在噪声大、耗电量多等缺陷。

筛分 抹茶的筛分一般是用与粉碎设备或包装设备连接、筛孔为 80 目/吋[①]的不锈钢材质金属筛实施，以筛除没能粉碎的碾茶碎片以及其他异物，确保产品颗粒大小一致，品质良好。

金属探测和去除 一般在包装前进行，是使有可能含有微量铁、铜、铝等金属成分铝箔纸等杂质的抹茶通过金属探测设备探头所产生的高频磁场，探出金属杂物并自动去除。

包装 抹茶成品按 GH/T 1070—2011《茶叶包装通则》标准规定进行包装。

---

① 吋为非法定计量单位，1 吋＝2.54 厘米。——编者注

二、名优绿茶的加工

20. 名优绿茶的类型有哪些？其外形品质有何特点？

　　我国名优茶类型繁多，其中绝大多数为名优绿茶。名优绿茶通常按照加工工艺方式和外形特征等进行分类。各种类型名优绿茶的加工，最大的不同点多表现在干燥做形工序，按照应用的干燥做形方式不同，有全部采用锅或滚筒炒干的炒干型名优绿茶、采用烘笼或烘干机等烘干的烘干型名优绿茶和以上两种形式结合完成干燥作业的烘炒型名优绿茶。炒干型名优绿茶的代表茶叶类型有扁形茶等，烘干型名优绿茶的代表茶叶类型有毛峰茶等，烘炒型名优绿茶的代表茶叶类型有卷曲形茶等。

　　各类型名优绿茶品质特征的最大区别是外形，按照外形不同有扁形茶、卷曲形茶、球形茶、针形茶、片形茶以及其他形状的名优绿茶等。扁形茶以龙井茶等为代表，外形光扁平直；毛峰茶，外形特征为条索紧卷稍弯曲，白毫显露，芽叶完整；卷曲形茶以碧螺春茶为代表，外形特征为卷曲如螺，白毫显露；球形茶以泉岗辉白、涌溪火青为代表，外形腰圆重实，多白毫；针形茶以南京雨花茶为代表，外形为松针状，条索紧结圆直，锋苗挺秀；片形茶以六安瓜片为代表，形似瓜子，顺直匀整，叶边背卷平展；其他形状的名优绿茶，如形如菊花的菊花茶等扎花型工艺茶，外形奇特。

　　此外，因为杀青方式特殊，名优绿茶加工中使用蒸汽进行杀青者，称之为蒸青型名优绿茶，代表茶叶类型有恩施玉露茶等，外形紧圆光滑，挺直有毫。

21. 名优绿茶的加工特点与共性技术有哪些？

　　名优绿茶是我国各类茶叶中的高档产品，特点是应用的鲜叶细嫩，采摘规范和均匀；每种名优绿茶都有独特的加工方法和技术，加工要求精细；产品风格独特。

名优绿茶种类繁多，外形千姿百态，其共性的加工技术有：鲜叶采摘要求嫩度适当和均匀；鲜叶进厂后不能马上加工，一定要进行适当时间的摊放，才能投入炒制；在杀青叶不产生焦叶的前提下，杀青应尽可能适当偏重，并且要求杀匀杀透；揉捻应适当偏轻，多数名优绿茶在揉捻过程中要求采取少量、轻压、快揉，并且部分名优绿茶没有单独的揉捻工序，揉捻作业伴随在做形过程中完成。还有部分名优绿茶为避免茶汁溢出过多，影响成品茶的色泽绿翠，故采用轻压、多次、中间适当烘干的揉捻方式；大多名优绿茶在干燥过程中伴随着做形，做形应正确掌握含水率；名优茶的干燥方式有炒干、烘干、焙干等多种，干燥方式选择要适当，干燥要充分。

22. 名优绿茶鲜叶为何一定要通过摊放？摊放作业的操作技术要点有哪些？

成茶色泽绿翠、香高味纯、新鲜感强，无青草气和苦涩味，是所有名优绿茶的共同品质要求。名茶的细嫩鲜叶，通过摊放可适度减少鲜叶水分，使叶质变软，利于杀青和节约能源。同时在摊放过程中使叶中的茶多酚轻度氧化，青草气散发，香气物质初步形成和增加，促进名优绿茶的外形、色泽、内质风味的形成。否则，将会造成名优绿茶成品茶的色泽灰暗，香气低沉，甚至青涩味严重，经济效益无法充分发挥。就是说鲜叶摊放是名优绿茶加工过程中不可缺少的工序，鲜叶进厂后，一定要通过适当摊放方可投入加工。

名优绿茶摊放的操作技术要点是，不可将鲜叶直接摊在水泥等地面上，可供名优绿茶鲜叶摊青的设备有软匾、篾簟、帘架式摊青设备、茶叶萎凋槽和专用鲜叶摊放设备等。鲜叶摊放时应做到摊叶三分开，即不同品种鲜叶、晴天叶与雨水叶、新老茶树鲜叶分开。名优绿茶的鲜叶摊叶厚度，要求高档叶 2～3 厘米，中、低档叶5～8 厘米，摊叶时间 6～12 小时，不超过 24 小时，摊放过程中应适当翻叶，翻叶要轻，不能损伤芽叶。当鲜叶含水率下降到73%~75%，失重约10%，叶质柔软，叶面失去光泽，有清香出现，即可付制。

23. 名优绿茶的杀青为何要适当偏重？杀青作业的操作技术要点有哪些？

利用高温破坏酶的活性，防止多酚类物质的酶促氧化，保持杀青叶色泽绿翠，形成绿茶风格，是名优绿茶杀青最根本的目的。名优绿茶产品突出的特点是强调色泽绿翠、无青草气和苦涩味，并且鲜叶原料细嫩，含水率高，若杀青不足或者不均匀，杀青叶中就会出现红梗红叶，显著影响成茶的色泽绿翠，并会使成品茶滋味生涩，甚至青草气严重。故名优绿茶杀青在保证杀青叶不焦的前提下，应适当提高杀青温度和延长杀青时间，使杀青适当偏重，以彻底钝化酶的活性，避免叶中茶多酚的酶促氧化作用，保持杀青叶的绿翠，并蒸发青草气，消除苦涩味。

生产中用于名优绿茶杀青的设备类型较多，如滚筒式杀青机、热风杀青机、电磁杀青机、微波杀青机等，可以按需要进行合理选用。不论应用哪种设备进行名优绿茶杀青，共同的要求是高温杀青，并先高后低，叶温从常温上升到80℃的时间越短越好，杀青后期应降低杀青温度，还要保持一定时间，以保证杀匀杀透。名优绿茶的杀青叶含水率要求达到55%~58%，叶质柔软，手捏成团，有粘手感，并有清香时，为杀青适当，投入下一工序加工。

24. 名优绿茶的揉捻为何要适当偏轻？揉捻作业的操作技术要点有哪些？

各种类型名优绿茶的加工，大多有单独的揉捻工序，并且都是采用小型的盘式揉捻机进行揉捻。揉捻的目的是使茶叶卷曲成条，并使部分茶汁溢出，干燥后附于茶条表面，利于成品茶冲泡时茶汁易于溶出，形成茶汤的浓度。名优绿茶的揉捻，一定要遵循轻揉的原则，因为揉捻时间过长或加压过重，将会造成茶汁溢出过多，使成茶色泽偏暗而不绿翠，甚至造成滋味苦涩，这是名优绿茶加工一般要求揉捻偏轻的主要原因。生产实践表明，即使是做形完全依赖揉捻作业加工的毛峰茶，也应坚持轻揉、多次揉、快揉，中间增加毛火，以保持揉捻时加工叶的含水率较低，茶汁不会溢出过多，避免成茶色泽发暗。还有一些类型的名优绿茶如龙井茶、碧螺春茶等，加工过程中没有单独的揉捻工序，茶叶成条和茶汁的适当溢出，是在炒制过程中，通过手工或机器，在炒茶锅内进行压磨和整形，或者应用炒茶帚压磨茶叶，使加工叶在锅内沿锅壁作公转与自转，炒、揉、抖交替进行而完成，同样要注意按压不能过早、过重，从而使茶叶形成美观的外形，又不会造成茶汁过多溢出，保证名优绿茶翠绿特殊风格的形成。

25. 名优绿茶的干燥有何特殊要求？干燥方式有哪些？如何选择？

干燥是名优绿茶加工最后一道工序。目的是继续去除加工叶中的水分，使干茶含水率至规定标准范围之内，利于贮存和保存，同时茶叶在干燥过程中进一步成形，内含成分继续发生热物理化学变化，形成和固定茶叶的色、香、味、形，从而形成各类名优绿茶的特殊风格。名优绿茶干燥要求均匀和充分，不允许强火逼干（外干内不干），并且干燥要充分，成品茶含水率要求达到6%、最好能达到5%。否则完成加工的名优绿茶成品茶，在短时间内可能表现为色泽绿翠，条形尖挺，但贮存不久即会黄变陈化，茶条出现翘曲，新鲜感和香气荡然无存。

名优绿茶常用的干燥方式有烘干、炒干、焙干等，或其中两种方式的组合。

烘干方式干燥，是以热风为热源，使热风均匀穿过叶层，蒸发茶叶中的水分，达到干燥目的。茶叶和热源的热交换方式主要是对流传热。作业特点是温度和进风量易于掌握，干燥迅速而均匀，成品茶香气清新，滋味鲜爽。烘干主要用在一些干燥过程中不需要做形的茶类如毛峰茶加工，也用于一些虽然用其他方式干燥、同时也用烘干方式实施初烘或足火的部分类型茶叶。常用的烘干设备有手拉或自动链板式茶叶烘干机、盘式烘干机、微波烘干机等。

炒干方式干燥，是将加工叶投入加热的锅或转动的滚筒内，在不断翻拌或炒手加压状态下，使茶叶受热蒸发水分并不断成形，达到干燥成形的目的。茶叶与锅或筒壁的热交换方式主要是热传导。作业特点是直接炒制，产品有特殊的釜炒香，香高味醇，外形美观，条索紧结。适用于一些需要直接炒干或部分炒干的茶类，如以龙井茶为代表的扁形茶、针形的雨花茶、卷曲形的碧螺春茶等。常用的名优绿茶炒干的机具有电炒锅、扁形茶炒制机、曲毫形茶炒制机、圆筒型名茶炒制机等。

焙干方式干燥，是将茶叶置入文火的环境中焙烤，茶叶并不直接与热源接触，而是从热源中吸收大量的辐射热，脱除茶叶水分，并使成品茶产生特有的焙火高香。茶叶与热源的热交换方式主要是辐射传热。生产中的焙干作业，是将加工叶置入茶叶提香机的焙干箱内，不炒、不烘，只烤，文火长时间慢慢焙烤，使茶叶形成很高的焙火香。焙干原来仅适用于乌龙茶加工中的焙火提香，现已引入名优绿茶加工，同样用于提香。焙干应用的设备为茶叶提香机，有时也被称作茶叶烘焙机。

名优绿茶类型繁多，加工过程中以及在不同加工阶段，干燥特性与加工工艺需求各异，应根据实际情况和需求，对干燥方式及干燥设备进行合理选用。

26. 名优绿茶做形为何要严格控制茶叶含水率？如何控制？

名优绿茶类型繁多，风格独特。各种名优绿茶区别最大的是外形，而外形特征系在干燥过程中通过做形所形成。一般而言，名优绿茶加工中，加工叶含水率在20%～55%范围内均可以做形，以含水率 30%～45% 时做形最有利，因为这时芽叶柔软性和塑性好，易于成形。若含水率过高，加工叶湿黏，做形时易成块，成茶色泽发暗；若含水率过低，特别是含水率达到 20% 以下，这时茶条已发硬，难以成形，故名优绿茶在做形阶段特别重视加工叶含水率的控制。

名优绿茶加工，在前期一般要求失水要快，往往开始使用"抖炒"和"扬炒"的手法，使加工叶快速失水，直至含水率达到 40% 左右，后期则使失水速度减慢，保持茶条身骨柔软，利于应用搭、抓、团、搓、压、磨等手法充分做形，达到做形效果良好之目的。毛峰茶的外形要求毫毛显露，是通过加工过程中的提毫工序而实现。毛峰茶的提毫也应十分重视含水率，因为毛峰茶加工在揉捻过程中，茶汁溢出，将会使叶表的茸毛粘附在茶条表面，这时在茶叶含水率为 30%～40% 的状况下，投入锅温为 70℃ 左右的炒叶锅内，用双手反复轻轻揉搓，茶条上的毫毛尚柔软，揉搓中不会断下脱落，同时会逐渐脱离茶条的叶、梗表面，显直立外露状态，即常说的毫毛显露，达到提毫目的。

27. 扁形茶的品质特征是什么？主要加工工序有哪些？

扁形茶是一种外形呈光扁平直并且全程采用炒干方式加工的名优绿茶，龙井茶是扁形茶的代表。扁形茶的加工技术均相似，以西湖龙井最为著名。高档西湖龙井茶的品质特征是，外形扁平光滑，挺秀尖削，均匀整齐，色泽嫩绿，顶叶包芽，汤色黄绿明亮，清香持久，滋味甘醇爽口，叶底嫩绿、成朵微黄绿。

扁形茶的加工工序，除鲜叶摊放、青锅叶摊凉回潮和毛茶整理外，仅有青锅和辉锅两大基本工序，在所有名优绿茶的加工中，可以说工序最为简单，并且传统加工就是靠手工在炒茶锅内炒制，炒制用机具同样就是一只炒茶锅。然而，以龙井茶为代表的扁形茶炒制手法和技术要求却十分复杂，能熟练掌握很困难，其基本手法有抓、抖、搭、拓、捺、推、扣、磨、压、荡十大手法，在名优绿茶加工中可以说绝无仅有。以龙井茶为代表的扁形茶，正是由于鲜叶要求和选用严格、摊放科学合理、炒茶锅温控制严格和上述十大手法交替应用，才创制出有"色绿、香郁、味醇、形美"四绝之称、享誉世界的西湖龙井茶，加工技术为全国所有扁形茶加工所普遍应用。

28. 龙井茶应怎样进行手工炒制？

龙井茶的手工炒制，鲜叶进厂后应及时进行摊放，摊放时间为6～12小时，当鲜叶失重达15％～20％，含水率达到约70％即可付制。

西湖龙井茶的手工炒制主要有青锅和辉锅两道基本工序，采用专用龙井茶电炒锅进行炒制。

青锅 高档龙井茶的炒制，锅温100～120℃，投叶前先在锅壁上擦拭少量茶叶炒制专用油，每锅鲜叶投叶量为100～150克，炒制时间12～13分钟。炒制分三个阶段：第一阶段，以高温杀青和透去水分为主，抖炒3～4分钟；第二阶段，继续杀青、散发水气，为初步做形作准备，抖、拓结合炒2～3分钟；第三阶段，用搭、捺结合手法进行初步做形，炒至加工叶舒展扁平，含水率为20％～25％时起锅。中档龙井茶青锅炒制，每锅投叶量150～200克，锅温100～150℃，炒制时间15～20分钟，炒制手法与高档龙井名茶基本相同。青锅叶出锅后摊放40～60分钟，用竹筛将青锅叶筛分成三档，即头子、中筛和筛底，分别进行辉锅。

辉锅 辉锅是龙井茶做形和干燥的重要过程。高档龙井茶辉锅，每锅投叶量为青锅叶150～200克，中档茶200～250克。辉锅锅温80～90℃。青锅叶投入炒叶锅内后，炒制到加工叶受热回潮，吐露茸毛时，提高锅温至100℃，待有茸毛脱落，加工叶收紧成扁平时，再降温到90℃。辉炒时间，高档茶为15～20分钟，中档茶为25～30分钟。高档龙井茶的辉锅主要手法是搭、拓、抓、推、荡。搭是使茶条扁平光滑，抓是理直茶条；搭7～8分钟后改为抓、推、捺手法，以推、捺为主，使茶条磨光扁平；待叶质干硬，即改用荡；4～5分钟后，茶条外形已平直光滑，色泽翠绿，含水率降至6％以下起锅，完成龙井茶的炒制。中档龙井茶辉锅，则用搭、捺、抓、推等手法，搭时要结合抖。搭5～6分钟，改用捺、抓，使茶条齐而扁平，经过15分钟后再结合推，一抓一推，交替使用，直到茶叶足干、含水率达到6％以下，完成龙井茶的手工炒制。

29. 龙井茶应怎样进行机械炒制？

近年来，长板式扁形（龙井）茶炒制机在包括龙井茶在内的扁形茶加工中获得应用，据统计全国95％以上的扁形（龙井）茶已实现机械炒制，基本上实现了机械化加工。

龙井茶应用长板式扁形（龙井）茶炒制机炒制，除鲜叶摊放外，由青锅、辉锅和脱毫磨光三道主要工序完成。

青锅 接通长板式扁形（龙井）茶炒制机的电源，炒叶器运转，炉灶对炒叶锅加热，当锅温度达到180℃时，投入鲜叶，每次投叶量约150克，先操作加压手柄，使金属炒板对鲜叶翻炒，利于水蒸气散发，目的是高温杀青。待杀青结束，叶质转为柔软时，再操作加压手柄，使衬有柔软包层的长板炒手对加工叶逐渐加压，先轻后重，茶条已初步压扁成形，含水率降至25％左右，完成青锅炒制。出锅摊凉回潮40分钟以上，投入辉锅。

辉锅 仍应用长板式扁形（龙井）茶炒制机进行炒制。锅温150℃左右，每次投入青锅叶约150克。开始1～2分钟不加压，由金属炒板对加工叶翻炒，使加工叶逐步吸收热量而柔软，然后操作长板炒手逐渐加轻压，随后逐步重压炒制，见锅底已稍有茶末，含水率10％左右，完成辉锅炒制。

脱毫磨光 应用的设备为扁形（龙井）茶辉干机，也被称作扁形（龙井）茶脱毫磨光机。开动机器，滚筒转动，炉灶对滚筒加热，当筒温升至约80℃，将辉锅叶投入滚筒内接受脱毫磨光炒制，投叶量应尽可能多，以不从筒体后端流出为限，如筒体直径为60厘米的6CH－60型扁形（龙井）茶辉干机，投叶量一般在4千克以上。机器进、出茶端有一只端盖，使用时由磁铁吸盖在进、出茶口上，可方便放上、取下。炒制开始阶段，不必将端盖放上，炒制10~15分钟后放上端盖，以减少水分的散发，利于紧条。随着筒体的转动，筒内的加工叶被加热滚炒，茶叶与茶叶之间、茶叶与筒壁之间产生摩擦，从而脱去茶条表面的毫毛和爆点，使茶条更显绿翠和紧结，平润光滑。在完成炒制前约5分钟，提高筒温至100℃以上，达到提香之目的。全程45~60分钟，含水率达到6%以下出叶，完成扁形茶的机械炒制。

目前自控型长板式扁形（龙井）茶炒制机在生产中获得普遍应用，扁形（龙井）茶炒制实现了傻瓜型作业。自控型长板式扁形（龙井）茶炒制机的基本结构和作业方式与手控式传统机型基本相同，只是在机器上部装置了自动投叶装置和单片机整机控制系统，由于机器的制造厂家不同，自控型炒制机的参数设定和操作程序会有所差异，但大体一致。以生产中常用的恒峰6CCB系列自控型单锅长板式扁形（龙井）茶炒制机为例。作业时，首先向机器上部的投叶斗内投入鲜叶或青锅叶，并向玻璃管内加入制茶专用油。接通电源，通过控制面板的人机对话设定投叶量和炒茶温度。开启机器，炉灶对炒叶锅加热，按下控制面板上的"学习炒茶"键，当锅温升至炒茶温度，自动投叶装置便向锅内投入设定量的鲜叶或青锅叶，炒制开始。炒制过程中随时观察炒制叶不要结块，并要使加工叶被炒板向上能带至锅沿部，一旦发现炒制叶不能被带至锅沿处，则应按动"加压"键增大压板压力，经过5次左右的逐步加压，炒制叶则逐步成条、变扁并干燥，完成青锅或辉锅炒制，且炒制参数被机器全部记忆。若认为茶叶炒制品质良好，在下一锅炒制开始时，按下"自动炒茶"键，机器则会按记忆参数连续一锅一锅炒茶。炒制过程中如果认为炒制参数还需修改，则可按动相关按键，对投叶量、炒茶温度、炒茶时间（主轴转动圈数）、炒板压力作出相应修改，并被机器记忆，下一锅即可按修改参数进行炒制，直至这批鲜叶或青锅叶炒完为止。与此同时，该机还具有程序记忆功能，能够储存6条鲜叶或青锅叶炒制程序，下次炒制可根据鲜叶或青锅叶状况进行选用。非自控型长板式扁形（龙井）茶炒制机需一

人操作1台，而自控机型每人可操作3～4台，显著节约了炒制用工，减少了对机器操作者操作技能的依赖，劳动强度显著降低，生产率大幅度提高，有利于扁形茶炒制的机器换人。

30. 扁形茶连续化、自动化加工生产线的设备组成和操作技术要点有哪些？

以龙井茶为代表的扁形茶连续化、自动化生产线，目前已在生产中逐步推广应用。不同茶机生产企业研发制造的生产线，设备组成大体相同，以每小时生产20千克扁形茶干茶的丰凯6CCB‒20型扁形茶连续化、自动化生产线为例。

6CCB‒20型扁形茶连续化、自动化生产线由摊青模块、杀青与摊凉回潮模块、理条模块、炒制成型模块和自动控制系统组成。实现了从鲜叶到干茶的全程连续化和部分自动化控制加工。

摊青模块 以专用鲜叶摊放机为主机，配套相关输送装置和自动控制系统组成。要求鲜叶摊放厚度为3厘米左右，不超过5厘米，摊放时间2～4小时，含水率从鲜叶的75%～78%下降至摊放叶的68%～70%，即可送往杀青模块实施杀青。

杀青模块 以6CS‒60型滚筒式杀青机为主机，配套柜式连续摊凉回潮机、相应输送装置和自动控制系统组成。作业时，在杀青机筒体温度达到250℃时开始投叶，投叶量为80～100千克/时，杀青时间2.0～2.5分钟，杀青叶含水率至60%～62%，即可投入理条模块进行理条。

理条模块 以连续式理条机为主机，配套两口式茶叶风力选别机、柜式连续摊凉回潮机、相应输送装置和自动控制系统组成。理条模块中装有两组连续理条机，其中用于初步理条的连续理条机，要后接柜式连续摊凉回潮机，对初步理条叶进行摊凉回潮。作业时，初步理条用连续理条机槽锅温度150℃，理条时间2～3分钟，要求初理叶含水率为45%～50%。然后初理叶被送上两口式茶叶风力选别机扇去黄片和碎末，再送入柜式摊凉回潮机摊凉回潮，摊叶厚度10厘米，时间1小时以上。接着投入第二次理条，槽锅温度120℃左右，理条叶含水率达到35%～40%出叶，送往干燥成型模块进行压扁磨光。

炒制成型模块 由4台并列的4锅连续式扁形茶炒制机为主机，配套相关输送装置、加工叶自动分配与投叶系统和自动控制系统组成。4锅连续式扁形茶炒制机，是由4台单锅扁形茶炒制机前后串联而成，前后炒叶锅之间设有由自动控制系统控制、可定时开关的出茶门，从而实现扁形茶的自动连续化炒制。作业时，炒制温度100～120℃，4锅由高到低，前2锅以压扁为主，后2锅承担压磨，炒至茶条呈规则扁形，含水率约10%出叶。送入脱毫磨光和最后干燥。

6CCB-20型扁形茶连续化、自动化生产线作业时，操作人员仅需2～3人。作业过程中，可通过各模块控制面板和生产线总控制面板实施人机对话，对各模块和整条生产线的投叶量、作业时间、炒板压力、炒制温度等参数进行设定，分别实现各模块和生产线总体的自动化控制，在作业过程中可进行参数微调，并能将形成的多条程序输入控制系统被记忆，供再次炒制作业时选用。

31. 条形茶应怎样进行加工？

用烘干方式加工出的条形茶，是我国茶区最常见的名优绿茶类型，毛峰茶是其中的代表，以黄山毛峰茶最为著名。

毛峰茶的品质特征是条形紧卷稍弯曲，芽叶完整，肥壮匀齐，冲泡后茶汤黄绿明亮，香气清高，滋味鲜爽，叶底肥壮绿明成朵。毛峰茶加工的主要工序为鲜叶摊放、杀青、揉捻、初烘、提毫、足干等。

毛峰茶加工的传统制作，鲜叶摊放与扁形茶等技术要求基本相同。杀青以往以手工在杀青斜锅中进行，现在多被滚筒式杀青机等机械所替代，杀青叶含水率要求为55%～58%。然后进行揉捻，传统做法是杀青叶采用手工在铺有竹编篾片的揉捻台上进行揉捻，揉捻时间 5 分钟左右,用力不可过重,否则茶汁溢出过多,成茶色泽偏暗与芽叶破碎,揉至叶片湿润、基本成条即可,现多由茶叶揉捻机替代。初烘的传统加工,是将揉捻叶置于以炭火为热源的竹编烘笼上进行烘制,在 80～100℃ 的温度下,烘至含水率为 35%～40%,现多被茶叶烘干机替代。然后投入电炒锅内提毫,提毫锅温约 70℃,不断将茶叶置于两手掌之间,缓慢轻轻旋转揉搓,达到白毫显露,并蒸发部分水分,随着茶条表面毫毛的不断显现,茶条也逐步紧结,当含水率达到 20%～25% 时出锅。然后投入烘笼或茶叶烘干机足火,足火温度 80℃ 左右,烘至含水率为 6% 以下,完成毛峰茶的加工。因提毫工序操作较烦琐,功效不高,现在不少茶叶加工企业在进行毛峰茶加工时,普遍省略了这道工序,是造成毛峰茶毫毛显露特殊风格缺失的主要原因。

毛峰茶加工连续化、自动化生产线在生产中应用现已极为普遍,并且毛峰茶是最早实现连续化、自动化加工的名优绿茶类型。毛峰茶连续化、自动化加工生产线的设备和工艺模块构成与烘青绿茶生产线基本相似,加工的工艺流程与操作要点也基本相同,只是生产线的规模较小,相关工艺参数掌握有差异。

32. 黄山毛峰茶的品质特征如何?应怎样进行加工?

产于安徽黄山风景区以及周围茶区的黄山毛峰茶,是我国著名的历史名茶之一,也是我国毛峰类名优绿茶的代表性产品。特级黄山毛峰茶为我国毛峰茶之极品,品质特征为形似雀舌,匀齐壮实,峰显毫露,色如象牙,清香高长,汤色清澈,滋味鲜浓、醇厚,叶底嫩黄,肥壮成朵。毛峰茶加工有杀青、揉捻、烘焙等主要工序。

杀青 传统加工在直径为 50 厘米左右的桶锅中进行,锅温 130～150℃,先高后低,特级鲜叶投叶量为每锅 200～250 克,一级以下可增至 500～700 克。采用手工在桶锅内杀青,举手翻炒,手势要轻,动作要快,要求达到 50～60 次/分,扬得要高,叶子要达到离开锅面20厘米左右,撒得要开,捞得要净。杀青程度要求适当偏老,杀青叶质地柔软,表面失去光泽,青气消失,香气显露为适度,投入揉捻。

揉捻 黄山毛峰茶加工中坚持轻揉原则。特级和一级鲜叶原料,在杀青适度时,继续在桶锅内适当抓炒数下,起到轻揉和理条的作用。二三级原料的杀青叶,出锅后及时散热,然后用手工在桶锅内轻揉1~2分钟,加工叶稍卷曲成条即可。揉捻时速度宜慢,压力宜轻,边揉边抖,以保持芽叶完整,白毫显露,色泽绿润。

烘焙 分初烘与足烘。初烘时,每只杀青桶锅配4只烘笼,第一只烘笼温度在90℃以上,之后三只依次下降至80℃、70℃、60℃左右,温度先高后低,顺序移动,边烘边翻。初烘叶含水率为15%左右,出叶摊凉回潮30分钟以上,投入足烘。足烘仍然用烘笼进行,每笼投叶量为8~10笼初烘叶,温度60℃左右,文火慢烘,直至足干,完成黄山毛峰茶的加工。

目前的黄山毛峰茶和全国各茶区所有的毛峰茶一样,均实现了机械化加工,并且毛峰茶连续化、自动化生产线在生产中应用也已普遍。分别采用滚筒式杀青机、茶叶揉捻机、茶叶烘干机为主机,配套相关输送设备和自动控制系统形成杀青模块、揉捻模块和烘干模块,然后连接成为生产线,实现了黄山毛峰茶的连续化、自动化加工。

33. 信阳毛尖茶的品质特征如何?应怎样进行加工?

信阳毛尖茶产于豫南信阳市诸县、市,创制于清末,为历史名茶。信阳毛尖茶属于采用半烘半炒方式加工的条形名优绿茶产品,其品质特征为,外形为长条形,色泽翠绿或绿润,汤色嫩绿明亮,滋味浓烈或浓醇,清香型,不同程度表现出毫香、鲜嫩香、熟板栗香,叶底嫩绿明亮。信阳毛尖茶的加工有鲜叶摊放、炒生锅、炒熟锅、初烘、摊凉、复烘、拣剔、再复烘八道工序。

鲜叶摊放 一般采用竹编篾垫进行摊放,摊叶厚度5～10厘米,摊放时间高档叶1～2小时、中档叶3～4小时,当天鲜叶要求当天炒完。

炒生锅 在锅口直径为84厘米、当地称之为牛四锅的炒叶锅内进行炒制。生、熟用锅规格一致,采取两灶并列挨近砌筑,锅子在灶口作35°～40°倾斜安装,后锅壁高1米以上,与墙贴合。灶前设40厘米高的平台,便于站立操作。生锅的作用是杀青和初揉,锅温达到140～160℃时,投入鲜叶500克左右,手持用细软竹枝扎成的扫帚(当地称茶把)在锅内反复挑翻茶叶,当鲜叶在锅内发出"啪啪"响声,历经3～4分钟,青叶软绵,这时用把尖收拢青叶,在锅内转圈轻揉(裹条),动作由轻、慢逐步加重加快,并不时挑动抖散,反复进行,青叶进一步软绵卷缩,成松泡条形,在嫩茎折而不断,含水率达到55%左右时,尽快用茶把将茶叶全部扫入熟锅。整个生锅炒制时间7～10分钟。

炒熟锅 为信阳毛尖茶做茶整形、发挥香气、形成滋味的关键工序。锅温80～100℃,刚入锅的生锅叶仍继续用茶把尖团转茶叶并"裹条"为主,不挑散,反复进行,要避免茶叶成团块。经3～4分钟,茶条已细紧,将茶把稍放平,进行"赶条",即赶直茶条,在茶条紧缩、互不相黏时,改用手直接"理条",又称顺条或抓条、甩条。方法是抓起锅内部分茶叶(以抓满手心为度)稍握紧,然后于离锅心10厘米左右高,手腕使劲,将手中茶叶从虎口甩出,撒开抛到茶锅上沿,茶条则顺斜锅锅壁滚回锅心,反复进行,动作要敏捷,抓得匀、甩得开、扳得直。抓在手中的茶叶,一次仅甩出1/3～1/2,接着再从锅内抓叶,如此茶叶在锅中、手中顺序均匀不停地被抓起、甩出,反复进行。开始加工叶潮湿,要松抓、稍轻慢抓、高甩;中间加工叶已稍干,则稍紧抓、稍重快甩、高甩;后期茶叶已较干,要轻抓、慢甩、低甩,避免茶条断碎。熟锅全程7～10分钟,达七八成干,茶条细紧、圆直、鲜绿、光润,立即清扫出锅,在簸箕上摊凉。然后投入烘笼实施烘制干燥。

初烘 又称"打毛火",目的是散发水分,固定外形,每烘投入熟锅叶 1.5～2.0 千克，温度 80～90℃，每 5～8 分钟翻叶 1 次，历经 20～25 分钟，含水率达 15% 左右，茶条定型，手抓稍感戳手，嫩茎折不断，色泽鲜绿，稍有清香，下烘。初烘叶及时在篾垫上摊凉约 1 小时，摊叶厚度 30 厘米左右。

复烘　又称"二道火"，目的是继续散发水分，固定外形，发展茶香。温度 60～65℃，每烘摊叶 2.5～3.0 千克，每 10 分钟左右翻叶 1 次，约经 30 分钟，茶叶外形固定，嫩茎可折断，手抓戳手，色泽绿翠光润，香气清高，含水率 6%～7%，下烘。下烘叶进行拣剔，俗称择茶，将青茶、叶片、老茶梗、茶末及其他异物拣除。

再复烘　也称"拉火""打足火"，目的是使茶叶进一步干燥，固定茶叶色、香、味、形。温度 60℃ 左右，每烘 3.0～3.5 千克，每 10 分钟手摸茶叶有热感即翻叶一次，历经 20～30 分钟，茶叶翠绿光润，香高浓烈，含水率达 6%，手捏成末，下烘，完成信阳毛尖茶加工。成品茶分批分级趁热及时装入洁净大茶桶内密封，置于低温、避光、卫生、干燥的室内贮存。

经过多年努力，信阳茶区已创制成功信阳毛尖茶加工的专用设备生锅炒制机（排把机）和熟锅炒制机（摇头机），并且用于初烘和复烘的传统竹编烘笼也逐步被茶叶烘干机所替代，信阳毛尖茶的全程机械化炒制正快速普及，显著节约了制茶用工，也推动了信阳毛尖茶产业的加速发展。

34　单芽（矛形）茶的品质特征如何？应怎样进行加工？

单芽茶的代表是创制于 1987 年、产于浙江省桐庐县的雪水云绿茶。其品质特征为外形紧直略扁，芽峰显露，色泽嫩绿，清香高锐，滋味鲜醇，汤色清澈明亮，叶底嫩匀完整、绿亮。特级雪水云绿茶的鲜叶原料为单芽。20 世纪末开始，随着各茶区特别是四川、贵州等茶区单芽茶的产量迅速增加，雪水云绿茶加工技术被普遍采用。雪水云绿茶的加工有鲜叶摊放、杀青、初焙、整形、复焙和分级等工序。

鲜叶摊放 采回的鲜叶经拣剔后，薄摊在洁净的竹匾或篾垫上，厚度不超过 2 厘米，保持阴凉通风，摊放时间约 6 小时，待散发出清香，鲜叶减重约 10%，投入杀青。

杀青 早期采用电炒锅，当锅温达到 120～140℃时，每锅投入鲜叶 200 克用手工杀青，下锅后先以抛抖为主，适度抓闷，后期降低锅温转入理条，6～8 分钟后起锅，簸叶散热。杀青叶摊凉 30 分钟后，进行初焙。

初焙 采用竹编烘笼焙茶，用白布衬底，撒叶要薄，笼顶温度 80～90℃，中间翻叶一次，历经 9～12 分钟，至叶表略干下焙，投入整形。

整形 用电炒锅，以手工理直茶条为主，手势宜轻，约 10 分钟，至茶叶八成干下锅，转入复焙。

复焙 仍在烘笼中进行，笼顶温度 50℃左右，文火慢烘，中间翻叶 4～5 次，约 30 分钟，至含水率 6%以下足干下焙，完成雪水云绿茶的手工制作。

目前各茶区的单芽茶加工，多采用滚筒式杀青机进行杀青，筒体温度 250℃左右，杀青叶含水率降至 58%～60%出叶后摊凉。理条整形使用茶叶理条机，槽锅温度 180℃左右，往复转速先快后慢，在茶条被理成直条后出叶。理条叶经摊凉回潮，应用烘干机进行初烘和足干，初烘热风温度 100～110℃，足烘 80～90℃，含水率达到 6%以下出叶，筛去片末，完成雪水云绿茶的机械加工。

35. 竹叶青茶的品质特征如何？应怎样进行手工加工？

竹叶青茶是一种 20 世纪 60 年代创制、由陈毅元帅命名、用单芽或一芽一叶开展的鲜叶加工，属于单芽名优绿茶类型。品质特点为外形紧直，色润，密披银毫，内质香气清新馥郁，滋味鲜浓爽口，汤色黄绿明亮，叶底嫩黄明亮。竹叶青茶的炒制加工有鲜叶摊凉、杀青、理条、做形、摊凉筛分、辉锅、检验、定级、包装、冷藏等工序。

鲜叶摊凉 竹叶青茶加工使用的鲜叶因多含鲜嫩茶芽，进厂后应及时摊放在竹筛或纱筛内进行摊凉，在失水减重率达到8%～10%，茶香显露，投入杀青。

杀青 采用滚筒式杀青机，出叶后的杀青叶应迅速薄摊，降低叶温，防止黄变。

理条和做形 传统加工全部在电炒锅内用手工完成，投叶量为杀青叶0.3～0.4千克，耗时20～30分钟，经过抖、撒、抓、压、带等十多种手法交替炒制，逐渐压扁成形。随着名优绿茶加工机械的普及，目前已多用茶叶理条机进行理条、做形，并适时投入压棒将茶条压制成扁形，投叶量为杀青叶1.5～2.5千克，要求加工过程中茶温与人体温度相当，不烫手为度，至加工叶外形扁平挺直后取出压棒，干度达到八成干左右起锅，及时进行摊凉回潮和筛分，促进叶中水分均匀分布和茶条长短一致，以利辉锅。

辉锅整形 仍采用茶叶理条机，前期茶温与人体温度相当，后期逐渐提高温度，发展茶香。外形达到扁平光滑、手折茶条断口整齐且声音清脆，即可起锅。

辉锅叶经过筛分、风选、拣剔后，进一步提香，以使成茶外形整齐，香高味纯。然后检验、定级、包装、冷藏，完成竹叶青茶的加工。

36. 卷曲形茶的品质特征如何？应怎样进行手工加工？

以碧螺春为代表的卷曲形名优绿茶，以炒为主，最后以烘干方式足干，是一种以烘炒结合形式干燥的名优绿茶。碧螺春茶产于苏州太湖之东、西洞庭山和邻近茶区。碧螺春茶的品质特征是外形条索纤细，茸毛披露，卷曲成螺，白毫显露，色泽银绿隐翠，清香久雅，滋味鲜爽生津，回味绵长鲜爽，茶汤嫩绿清澈，叶底柔匀。

碧螺春茶的手工炒制在加热的浅锅中进行。浅锅是一种专门用于碧螺春茶等卷曲形茶炒制的专用炒茶锅，锅口直径55厘米，锅

深 18 厘米，因深度较浅，故称"浅锅"。碧螺春茶手工加工时，将鲜叶投入温度适当的浅锅中，手不离茶，茶不离锅，揉中带炒，炒中有揉，炒揉结合，连续操作，直至完成炒制工序，起锅投入烘干，完成碧螺春茶的手工炒制，全程约 40 分钟。碧螺春茶的手工浅锅炒制，主要工序为杀青、揉捻、搓团显毫、烘干。

杀青 当浅锅锅温达到 150～180℃ 时，将 250 克鲜叶投入浅锅内，用双手翻炒，以抖为主，做到捞净、抖散、杀匀、杀透、无红梗红叶、无烟焦叶，历时 3～5 分钟，完成杀青。

揉捻 浅锅锅温降至 60～75℃，抖、炒、揉三种手法交替使用，边抖、边炒、边揉，随着叶内水分的减少，条索逐渐形成。炒时手握茶叶松紧应适度，太松不利于紧条，太紧茶汁溢出过多，易在锅壁上结"锅巴"，产生烟焦味，使茶叶色泽发黑，茶条断碎，茸毛脱落。当加工叶达到六七成干，时间约 10 分钟，继续降低锅温至 55～60℃，转入揉团显毫工序。

搓团显毫 是形成碧螺春茶形状卷曲似螺、茸毛满披的关键工序。双手在浅锅内，边炒边用力将全部茶叶揉搓成数个小团，不时抖散，反复多次，历时 12～15 分钟，搓至茶条卷曲，茸毛显露，达到八成干时，转入锅内轻揉、轻炒，达到固定形状、继续显毫、蒸发水分的目的，历时 13～15 分钟，茶叶达到九成干时，起锅投入烘干。

烘干 将茶叶摊在桑皮纸上，连纸放在浅锅上文火烘至足干。烘干锅温 40～50℃，历时 6～8 分钟，成茶含水率在 7% 以下，完成碧螺春茶的手工加工。

37. 卷曲形茶应怎样进行机械加工？

以碧螺春茶为代表的卷曲形名优茶的机械加工，一般是首先用滚筒式杀青机进行杀青，然后用小型茶叶揉捻机进行揉捻，再用曲毫形茶炒干机初步做形，最后在盘式烘干机上用手工搓团和干燥。具体加工工序有杀青、揉捻、初烘、做形、搓团与干燥。

杀青　采用滚筒式杀青机，常用机型有 6CS - 60 型等。在筒体出口处热空气温度达到 90℃时开始投叶，投叶应保持均匀，杀青叶含水率达到 55％～58％为适度。出叶后的杀青叶应及时进行摊凉，然后投入揉捻。

揉捻　应用小型茶叶揉捻机，在不加压和轻压状态下揉捻 5～7 分钟，既初步揉出茶汁，又尽量不使白毫脱落。轻揉后进行解块和初烘。

初烘　解块后的揉捻叶，投入盘式烘干机进行初烘，烘干温度不超过 100℃，当含水率达到 45％左右，即达到能够散开程度下机，投入曲毫形茶炒干机进行初步炒干成型。

做形　用曲毫形茶炒干机，锅温 70℃左右，将炒叶板调整到摆幅最大位置进行炒制，约 30 分钟后，加工叶已初步卷曲时出锅，投入盘式烘干机进行搓团和干燥。

搓团与干燥　操作方式与炒茶锅内手工炒制搓团时的动作相似。盘式烘干机热风温度 70～60℃，每烘盘内投入约 500 克初烘叶，每盘前由 1 人站立操作。手取适当数量茶叶，置于两手掌心之间，沿同一方向适度用力团转揉搓，以促进茶条的卷曲，每团搓揉 4～5 转，即放在烘盘中定型，在几个团搓好并适度定型后，合并解块抖散，以后再反复操作，边揉团，边解块，边由热风干燥。搓团时用力要均匀，由轻到重，再由重到轻，要求经过反复揉搓，把茶条揉成螺形，历时 10～15 分钟，加工叶含水率达到 10％左右，即达到九成干时，投入干燥。

干燥　仍在浅锅内进行，锅温保持在 70℃左右，将近九成干的茶叶均匀薄摊在锅中，翻动数次，当含水率达到 6％以下出锅，完成曲毫形名优绿茶碧螺茶的机械炒制。

38. 针形茶（直条形茶）的品质特征如何？应怎样进行手工加工？

针形茶（直条形茶）的代表是南京雨花茶。1958 年为纪念牺牲在雨花台的革命先烈而创制，产于南京雨花台陵园、中山陵园以及南京市与附近诸县、市。特级南京雨花茶的外形犹似松针，条索紧细圆直，锋苗挺秀，色泽翠绿，白毫显露，香气浓郁，滋味鲜醇，汤色清澈，叶底匀嫩明亮，象征和体现了为革命献身烈士们的坚贞不屈。

南京雨花茶的制作以传统工艺手工加工为主。主要加工工序由摊青、杀青、揉捻、搓条拉条（整形干燥）、筛分和烘焙（毛茶加工）等组成。

摊青　南京雨花茶采用一芽一叶初展为主的原料鲜叶，采回后先拣除病虫叶、单片叶和不符合标准的芽叶，然后摊放在室内阴凉处的竹编篾垫上，摊叶厚度2～3厘米，历时3～4小时，待叶色转暗、叶质变软，投入杀青。

杀青　在平锅中进行，锅温140～160℃，每锅投入鲜叶400～500克，以手工采用炒、闷结合的方式进行炒制，历时5～7分钟，后期适当降低锅温，直至炒制叶变软、色泽变暗、青草气消失，完成杀青，起锅摊凉进入揉捻。

揉捻　杀青叶稍作冷却后，用手工在铺有竹编篾片的揉捻台上进行揉捻，双手握茶在篾片上往返推拉滚揉，中间解块3～4次，历时8～10分钟，茶汁微出，加工叶初步成条，完成揉捻，送往整形干燥，也就是搓条拉条。

搓条拉条　是形成南京雨花茶外形犹似松针的关键工序。在平锅中进行，锅温80～90℃，每锅投叶350克左右，先行翻炒转抖散，理顺茶条，置于手中，轻轻滚转搓条，并不断解散团块，待叶子稍干、不粘手时，锅温降至60～65℃，变换手法，手掌五指伸开，两手相对，将炒制叶置于两手之间，用力将叶子顺着一个方向滚动搓揉，同时结合理条，用力要均匀，历经约20分钟，达七成干，锅温再升至75～80℃，这时手抓叶子沿锅壁来回拉炒，理顺并拉直茶条，进一步把茶条做直做圆，历时10～15分钟，达九成干起锅。投入筛分和烘焙（毛茶加工）。

筛分和烘焙　拉条后的毛茶通过筛分而分出长短、分清粗细，

去除片末，以 50℃ 左右的文火烘焙 30 分钟左右，含水率达到 6%
以下，足干冷却后包装贮存，完成南京雨花茶的加工。

南京雨花茶目前已实现机械化加工。

39. 针形茶（直条形茶）应怎样进行机械加工？

所有针形茶的机械加工，所应用的设备和操作均相似。主要有
杀青、揉捻、打毛火、整形、足干、筛分整理等工序。

杀青　最常见的是采用滚筒式杀青机进行杀青，在筒温达到杀
青要求时，连续投入鲜叶，杀青叶失重达到 40% 左右，叶色变暗、
青气散失，柔软而有粘手感为杀青适度，进行揉捻。

揉捻　用茶叶揉捻机，揉捻时间 15～20 分钟，至茶条已基本
紧结，出叶进行打毛火。

打毛火　用茶叶烘干机，热风温度 100～110℃，失重率达
70% 左右（与鲜叶比）、含水率约 25%，手捏有刺手感，出叶摊放
回潮，待茶条充分回软，投入整形。

整形　有用茶叶理条机与盘式烘干机相结合和用针形茶整形机
直接整形干燥两种方式。

茶叶理条机与盘式烘干机结合方式，实际上是一种机械和手工
结合的整形干燥方式。将经过初烘的加工叶 1.2～1.5 千克，均匀
投入锅温约为 180℃ 的茶叶理条机槽锅内进行理条，开始阶段槽锅
往复频率适当较快，以 160～180 次/分钟为宜，利于水分的散发，
此后可降至 140～150 次/分钟，当经过 4～5 分钟理条，茶条已经
基本理直，并且初步紧结，峰苗和香气已初步显现，含水率达到
20% 左右，出锅摊凉。然后投入盘式烘干机以手工方式进行搓条和
干燥，搓条方法与手工加工时基本一样，两手五指伸直，将加工叶
置于两手之间，顺着一个方向滚搓，轻重相间，反复交替进行，理
顺和拉直茶条，历经 10～15 分钟，茶条已被搓成针状，条索也已
紧直光滑，含水率达到约 10% 时，即可出锅摊凉，然后在盘式烘
干机上在 50℃ 的文火状态下进行足干，直至含水率达到 6% 以下，

完成针形茶的机械制作。

针形茶整形机直接整形干燥方式，是将初烘后的加工叶用单锅或双锅针形茶整形机进行整形和干燥。具体操作可分为三个阶段：第一阶段，预热炒茶锅，当两侧槽温达到 150～170℃，搓板式炒板处温度达到 80℃时，缓慢地将初烘叶投入炒茶锅内，投叶量 3～4 千克，先无压大幅搓揉炒制 8～10 分钟，待茶条回软理直，条索已基本圆紧，含水率降至 20%～25%，转入第二阶段的操作。第二阶段，把炒叶板的摆幅调至中幅，并逐步加压，当搓揉炒制 15 分钟左右，加工叶含水率达到 15% 左右，条索已基本圆紧光滑，转入第三阶段加工。第三阶段，主要是进一步蒸发水分，使茶条更为圆紧光滑，白毫显露，炒叶板摆幅宜小，压力宜轻，揉搓和炒制的时间为 5～8 分钟，含水率达到 12% 左右，针形茶的外形和香气特征已形成，即可出叶摊凉，然后进行足干。

足干 用茶叶烘干机，热风温度 70℃ 左右，烘干时间 15～20 分钟，当含水率达到 6% 以下出叶，适当进行毛茶的筛分整理。

筛分整理 通过茶叶圆筛机进行筛分，分出针形茶的长短，通过茶叶抖筛机分出针形茶的粗细，茶叶风力选别机扇除片末，茶叶拣梗机拣除筋梗，分级后保鲜贮藏，完成南京雨花茶的加工。

40. 圆形（珠粒形）茶的品质特征如何？应怎样进行手工加工？

圆形（珠粒形）茶的代表有浙江的泉岗辉白、安徽的涌溪火青和贵州的绿宝石等。涌溪火青产于安徽省泾县，其品质特征为外形腰圆，紧结重实，色泽墨绿，油润显毫，香气馥郁，清高鲜爽，滋味醇厚，甘甜耐泡，汤色黄绿，清澈明亮，叶底杏黄，匀嫩整齐。

现以涌溪火青为例介绍圆形（珠粒形）茶的手工制作技术。涌溪火青的手工加工有鲜叶摊放、杀青、揉捻、炒坯、摊凉、掰老锅、筛分等工序，全程需 20 小时左右。

鲜叶摊放　进厂的鲜叶置于阴凉处摊放 5～6 小时，当天鲜叶要求当天制完。

杀青　采用桶锅，锅温开始时为 180℃左右，后期适当降低，每锅投鲜叶 1.2～1.3 千克，用手翻炒，将锅中叶子捞起抖散，抛闷结合，多抛少闷，出锅前在锅内滚炒几下，便于揉捻。历经 8～10 分钟，叶质柔软，手捏叶子成团，松手不散，略感粘手，减重率达 35％左右为杀青适度，抖散水汽，进行揉捻。

揉捻　在竹匾中轻轻团揉，中间解块散热，经 2～3 分钟，茶叶成条并挤出部分茶汁即可。

炒坯　也称"抖坯"，在桶锅内进行，锅温开始为 80～90℃，投叶量为一锅杀青后的揉捻叶，用手轻翻抖炒，至茶条不粘手，适当降低锅温，翻炒动作稍加重，起紧条作用。历经 10 分钟左右，手炒叶子有爽手感时，再适当降低锅温，改换炒制手法，顺锅作半圆旋转翻炒，炒制 20 分钟左右，2/3 的茶条初步弯曲成虾形、可抖落分开时起锅，摊凉 3～4 小时，即可投入掰老锅。

掰老锅　是手工制作圆形（珠粒形）茶涌溪火青的关键工序，其腰圆外形特征主要是在掰老锅过程中形成。掰老锅仍在桶锅中进行，利用旋转翻炒手法，通过翻、转、挤、压，促使加工叶成形。锅温开始时为 60℃左右，每锅投叶量约 6 千克，用手旋转翻炒，使茶叶连翻带转，互相挤压，促使成形，约 30 分钟，锅温降至 50℃左右，继续翻炒 1 小时上下，当一部分叶子成团时，三锅并作两锅，再炒 2 小时左右，两锅并一锅，进入做形的最后阶段。锅温降至 40～45℃，采用双手左右交替旋转翻炒，动作要更轻更慢。约炒 6 小时，炒到颗粒紧结腰圆，表面光滑，色泽绿润，含水率 6％以下，即可出锅。出锅前半小时适当提高锅温，以发展香气。涌溪火青掰老锅的作业特点是叶量多、锅温低、时间长，可谓名副其实的"低温长炒"。

筛分　出锅叶用手筛筛分，将半成品茶"撩头挫脚"，即可获得圆形（珠粒形）的涌溪火青正品茶。

41. 泉岗辉白茶的品质特征如何？应怎样进行加工？

泉岗辉白茶产于浙江省嵊州市，属球形名优绿茶。高档泉岗辉白茶外形盘花卷曲，绿中带白，色白起霜，浓香四溢，汤色清澈明亮，香高味纯，经久耐泡，浓香四溢，叶底嫩绿成朵。泉岗辉白茶的手工加工有鲜叶摊放、杀青、初揉、初烘、复揉、复烘、炒二青、辉锅和拣剔筛分等工序。

鲜叶摊放　泉岗辉白茶加工采用一芽一叶鲜叶，采回后薄摊，厚约 2 厘米，适时翻叶。一般白天采摘，晚上炒制。

杀青　采用平锅，锅温达 200～220℃时，投入鲜叶约 1 千克，双手先抛杀 2 分钟左右，改用特制竹叉，抛闷结合，多闷少抛，要求杀透杀匀，后抛杀 7～9 分钟，至叶色绿翠，香气显露，无红梗红叶起锅，投入初揉。

初揉　杀青叶出锅后摊放于竹匾中，边摊边解块。稍作摊凉，趁有余温，在揉捻台上的竹编篾片上双手揉捻 2～3 分钟，至茶汁外溢有粘手感时，解块初烘。

初烘　采用炭火竹编烘笼烘焙，温度 90℃ 左右，匀摊多翻，要求水分散失均匀，时间 20 分钟左右，至无粘手感，投入复揉。

复揉　初烘叶略摊凉，趁温复揉，利于更好成条，揉捻方法与初揉同，时间约 3 分钟，解块复烘。

复烘　方法与初烘同，烘笼温度约 60℃，时间 10～15 分钟，至有触手感，投入炒二青。

炒二青　用斜锅炒制，锅温 120℃ 上下，投叶量 4 千克左右，双手推叶抛炒，先重后轻，时间约 30 分钟，茶叶基本成圆，有颗粒感，起锅摊凉。

辉锅　方法与炒二青同，投叶量为两锅二青叶，开始时锅温 100℃，后随干度提高逐渐降低，炒时约 120 分钟，推炒由重到轻，茶叶至色白起霜，含水率达 6% 以下，起锅摊凉。

拣剔筛分　辉锅叶经过割末、拣剔、筛分整理、分级后，分别装箱贮存，完成泉岗辉白茶的加工。

42. 贵州绿宝石茶的品质特征如何？应怎样进行机械加工？

贵州绿宝石茶为 21 世纪初贵州省凤冈县开发成功的一种圆形（珠粒形）茶，品质特征为外形颗粒珠状，色泽绿润，光洁带毫，栗香浓郁，滋味醇香回甘，叶底鲜活成朵。绿宝石茶的机械炒制技术，被国内圆形（珠粒形）茶的机械加工所普遍采用。绿宝石茶的机械加工有鲜叶摊放、杀青、揉捻、初烘、造型、干燥和筛分拣剔等工序。

鲜叶摊放　采用通风式贮青槽，要求摊放车间空气流通，贮青槽面清洁卫生。鲜叶摊放厚度 5～10 厘米，轻放轻摊，不伤芽叶，摊放时间 6～8 小时，中间翻叶一次，要求鲜叶失水一致，天气较好一般无须人工鼓风，但在气温较高、湿度较大时要适度鼓风，待鲜叶由鲜绿转为暗绿，失重率达到 10％～12％时，投入杀青。

杀青　采用滚筒式杀青机，以杀匀、杀透，保绿不焦边，有清香味溢出为标准。杀青叶用竹匾或摊青槽及时摊凉，厚度不超过 1 厘米，冷却时间以不超过 15 分钟为好，待杀青叶水分重新分布充分并回潮后投入揉捻。

揉捻　采用 6CR-45 型茶叶揉捻机，时间 15～20 分钟，全程不加压，使杀青叶在揉桶内轻松翻滚轻揉，待茶叶均匀成条无断碎时下机，投入初烘。

初烘　采用茶叶烘干机，热风温度 80～100℃，时间 10～15 分钟，要求烘匀、烘透，尽可能避免烘叶重叠，增加透气性，叶色由嫩绿转墨绿，手握不刺手，含水率达到 30％～35％下烘。初烘叶要求及时摊凉回潮，通风好，散热快，尽量减少湿热作用对茶叶品质的影响，在初烘叶充分冷却回软后，投入造型。

造型　在双锅曲毫形茶炒制机中进行，锅温 80～100℃，每锅投初烘叶 6～7 千克，约充满炒叶锅的大半锅，锅温掌握先低后高，时间 40～45 分钟，使茶叶在锅内有充分的做形过程，当茶叶初步成圆，及时出锅摊凉。然后将两锅被炒后的摊凉叶并成一锅，继续在双锅曲毫形茶炒制机中做形，时间 50～60 分钟，锅温 60～80℃，当锅中茶叶达到圆润、紧结、七成半干时出锅冷却，进入干燥工序。

干燥　用茶叶烘干机，热风温度 60～100℃，时间 40～60 分钟，要求烘匀、烘透、烘香、保绿，含水率达到 5.5%～6.0% 时下机摊凉。

筛分拣剔　干燥后的绿宝石茶，下机摊凉后要及时进行筛分定级，避免吸收空气中的水分而影响内在品质，筛分可选用茶叶平面圆筛机配套 4、5、6 号筛进行筛分，撩头割脚，并进行拣剔风选，分成等级，完成绿宝石茶的机械加工。

目前绿宝石茶连续化生产线已在生产中投入应用，使绿宝石茶等圆形（珠粒形）茶实现了清洁化、连续化、自动化加工。

43. 安吉白茶的品质特征如何？应怎样进行加工？

我国六大茶类是按加工工艺和发酵程度进行分类，安吉白茶虽然号称白茶，但却是一种利用白叶 1 号等品种茶树春季的白色芽叶，按照绿茶加工工艺进行加工的名优绿茶。安吉白茶的品质特征为外形条索紧细显芽，茶芽壮实匀整，鲜活泛金边，形似凤羽，叶脉两侧的叶色嫩绿如玉霜，光亮油润，其余部分呈黄绿色，与叶脉处有明显差别，汤色嫩绿明亮，香气嫩香持久，滋味鲜醇甘爽，叶底叶白脉翠，成朵匀整。安吉白茶的加工有鲜叶摊放、杀青、理条、搓条、初烘、摊凉、焙干、整理等工序。

鲜叶摊放　鲜叶进厂后摊放在室内清洁卫生、阴凉通风的软匾或篾垫上，厚度约 2 厘米，摊放时间 4～12 小时，叶片柔软，青气散发，含水率达到 60% 左右投入杀青。

杀青　采用电热式茶叶理条机，锅底温度 160～180℃，投入鲜叶 1 400 克，其间不时通热风散发青气，历时 7～8 分钟，叶色转暗绿，叶质柔软，紧直成条，手捏成团，具有清香，含水率达到

40%左右出锅，及时摊凉后，投入理条、搓条。

理条、搓条　采用电炒锅，锅温80～90℃，用双手沿锅底向同一方向理条，然后双手并拢，使茶叶在掌心来回揉搓，轻重适度，历时6分钟，条索紧直，含水率约30%时出锅摊凉，投入焙干。

焙干　分初干和足干，采用茶叶烘干机，实际上是一种烘干作业形式。初干热风温度100～110℃，历时约10分钟，烘至七八成干下烘，摊凉回潮约15分钟。足干热风温度80～90℃，烘至含水率为5%～6%，完成安吉白茶的加工。

44　片形茶的品质特征如何？应怎样进行加工？

六安瓜片茶为片形名优绿茶的代表，产于安徽省六安市、金寨县、霍山县等。品质特征形似瓜子，顺直匀整，叶边背卷平展，干茶色泽翠绿，起霜有润，汤色清澈，香气高长，滋味鲜醇回甘，叶底黄绿明亮。六安瓜片茶的加工有扳片、炒生锅、炒熟锅、拉毛火、拉小火、拉老火等工序。

扳片　鲜叶进厂要及时进行扳（瓣）片，用手工将鲜叶扳分成嫩片（或称小片）、老片（或称大片）和茶梗（亦称针把子）三类。扳片是瓜片品质形成的重要工序，扳片后的老片和嫩片分别加工。

炒生锅与炒熟锅　六安瓜片茶的炒生锅和炒熟锅，均在专用的炒锅内进行，炒锅锅口直径650～700毫米，锅深250～280毫米，向前倾40°～45°倾斜安放在炉灶上，炒锅前沿离地高300～400毫米。炒制过程可分为"炒生锅"和"炒熟锅"。鲜叶投入炒锅炒制叫"炒生锅"，待炒生锅杀青基本完成，再投入炒锅进行炒制叫"炒熟锅"。"炒生锅"锅温以鲜叶落锅有炸芝麻的噼啪声为适度。炒制嫩片，锅温要高，炒制老片，锅温则应稍低。每次投叶嫩片为25～50克，中等片为50～100克，老片也不超过250克。炒制用的炒把有两种，炒制嫩片用的把子较小，用脱粒后的高粱穗或细软的竹枝扎成；炒老片用的炒把较大而硬，多用较粗的竹枝扎成。炒制程度掌握的原则应是老片要干，嫩片要潮。嫩片以炒透为适度，老片要炒到炒把在锅中能将叶片撒开，手捏发硬，出锅投入烘焙。

烘焙 分拉毛火、拉小火和拉老火。拉毛火茶放置一两天后拉小火，拉小火茶放置一两天后甚至三五天才拉老火。烘（拉）制的工具为竹编大烘笼（当地称抬篮），直径 1 200 毫米，篮顶高 750～800 毫米。拉毛火摊叶不超过 1.5 千克，老片可稍厚。一般隔两三分钟翻叶一次，烘至八成至八成半干。拉小火每篮摊茶 2.5～3.0千克，火温不能太高，要勤翻。每两人抬一烘篮，在火摊上烘一下（两三秒）就抬走。再将另一篮抬到火摊上照样烘一下，轮流交替进行。每篮茶要在火摊上烘 40～50 次，每烘 1 次翻 1 次，一直烘到九成干。拉老火的火温要比拉毛火和拉小火高，拉老火每篮摊茶3～4 千克，每篮茶要烘 50～60 次，甚至 70 次。拉老火烘到叶片表面上霜，含水率低于 5％、手捏成粉末即可下烘。老火茶下烘后趁热踩桶，用锡焊封严桶盖，完成六安瓜片的加工。

45. 恩施玉露茶的品质特征如何？应怎样进行加工？

恩施玉露茶是一种蒸青类、针形特种名优绿茶，产于湖北恩施。品质特征为外形紧直光滑，挺直有毫，色泽苍翠油润，茶汤嫩绿清澈明亮，香气清爽持久，滋味甘醇，叶底嫩绿明亮匀齐。恩施玉露茶的传统加工有蒸青、扇干水汽、铲头毛火、揉捻、铲二毛火、整形（搓条）上光、拣选等工序。

蒸青 应用抽屉式蒸青设备，先将蒸青盒插入蒸青设备的蒸青箱内，待水沸腾，盒内温度达到近 100℃，抽出蒸青盒迅速将鲜叶均匀薄摊在盒内，摊叶量 2 千克/平方米。蒸青要求高温、薄摊、短时、快速，时间一般为 30 秒，较老叶子时间适当延长。当鲜叶失去光泽，叶质柔软，青气消除，茶香显露为蒸青适度，蒸青叶要快速扇干水汽。

扇干水汽 将蒸青叶薄摊在竹席上，用电风扇或竹箙迅速扇凉，散发水分并降温，防止渥黄变质，然后投入铲头毛火。

铲头毛火 分为抖水汽和铲条，抖水汽是将扇干水汽的蒸青叶2～3千克放在120℃左右的焙炉上进行脱水，方法为两人对站于炉灶两旁，双手捧加工叶高抛抖散，使水汽蒸发。铲条的方法是，两人双手相对贴近炉面，左右来回推赶茶叶，使其形成条状。抖水汽和铲条两种方法交替进行，直到叶色油绿，梗脉略黄且出现"鸡皮皱纹"，芽稍显白毫，手捏不粘为适度，投入揉捻。

揉捻 以手工进行，手法有"旋转揉"和"对揉"，程度宜略轻，细胞破碎达约45%即可，然后投入铲二毛火。

铲二毛火 目的是继续蒸发水分，使茶条形状初步形成，为整形上光奠定基础，铲法与铲头毛火相同，唯扫叶更勤，以色泽油绿、滋润光滑，梗成黄绿色，手捏柔软而不刺手为度。

整形（搓条）上光 是形成恩施玉露茶紧细、圆整、挺直、光滑外形特色的关键工序。采用"搂、搓、端、扎（抽）"四大手法，搂是一种悬手的搓条方法，即两手相对提起，手臂向外弯曲，拇指跷起，四指并拢向内弯曲，把茶条搂拢，两手稍用力抓紧，使少量茶条从两手虎口和小指边挤出，理齐茶条。搓的目的是使茶条紧细、挺直光滑，手法是以焙炉为依托，在搂的基础上，左手肘关节贴近腰间，腕部向上弯，四指第一节微弯曲，呈钩状，压在少量茶坯上，与炉面成60°～70°夹角，固定不动，右手顺势将理齐的茶条带上左掌，拇指跷起，四指伸直并拢，向右前方搓去，使茶条随手向前滚转，并从两手虎口和小指边吐出约1/5。端的目的是理条作墩，把茶条理齐，垒成高约7厘米的堆。然后继续搓条，当右掌心搓至与弯曲的左指尖相对时，两手趁机端起茶墩，略转身向右微弯腰，左手向前方搓茶，大小匀齐、老嫩一致的芽叶用上述三种手法相互连贯、反复进行，直至干燥适度。扎（抽）是一种搓制低级恩施玉露茶常用的手法，多因芽叶较长或长短不一，在搂、搓、端交替操作中，扎（抽）短茶条。就是将茶条搂拢，端之成墩后，两手掌朝下，握住茶墩中央，稍用力扣紧茶墩，两手虎口靠拢向下用力扎茶，将茶墩分成两段，然后将两段茶坯并列，继续搂、搓、端交替炒制，直至含水率达到6%左右，然后进行拣选。

拣选 去除黄片、梗、果等杂物，分级包装贮藏，完成恩施玉露茶的加工。

随着名优绿茶机械化技术的普及，恩施玉露茶加工本着坚持"蒸青"和"针形"两大加工技术特点的基础上，已开始应用国产蒸青、脱水和冷却一体的网带式茶叶蒸青机实施蒸青和脱水作业，并用茶叶理条机理直茶条，恩施玉露茶成套机械化加工技术与装备，正在逐步完善中。

46. 扎花形名优绿茶有何特点？应怎样进行加工？

我国众多的名优绿茶中，除了上述一些主要形状外，还有一些特殊形状的名优茶，如形似菊花形状的菊花茶、形如橄榄等水果形状的名优绿茶等。这些形状独特的名优绿茶，新颖好看，冲泡在玻璃杯中栩栩如生，像是精心制作的艺术品，很受部分消费者的青睐。

以菊花茶为例，其加工的主要工序有杀青、搓条、扎花、压花、干燥等。扎花和压花为菊花茶做形的关键技术，也是菊花茶加工的特殊工序。

杀青、搓条 菊花茶加工是在鲜叶杀青后，接着进行揉捻搓条，揉搓时要求尽可能搓成直条状，使茶汁溢出并有粘手感。然后投入电炒锅内炒二青，锅温100℃左右，炒制时间4～5分钟，至叶色略转深绿色时，起锅摊凉。摊凉后再进一步进行复揉和理条，使茶条尽可能紧直，便于捆扎。

扎花 将理齐的茶条以35～40根为一束，基部理整齐，用消毒过的棉纱线在基部捆扎紧固，用剪刀把基部剪平齐。有时候为了使菊花茶更美观，往往在一束绿茶茶条的中间部位，加入几条红茶茶条，形成红心绿花瓣的效果。然后将束扎紧的茶条一根根掰开，做成菊花状，投入压花和干燥。

压花、干燥 菊花茶的压花和干燥工序有两种做法。第一种做法是将掰开做成菊花状的茶坯，放在平台上用无气味的木块加压，为了成型，甚至可加上重 4～5 千克的铁饼类重物，加压 6～8 分钟，在菊花形的形状基本形成后，即可上盘式茶叶烘干机进行干燥。干燥分两次进行，热风温度分别为 110℃ 和 60℃，中间摊凉 30 分钟左右，烘至含水率为 7％ 左右，完成菊花茶加工。烘干时操作动作要轻，不要造成芽叶断碎，并且捆扎基部要干透，以免成茶存放时变质。第二种做法是，将掰开做成菊花状的茶坯，放在平锅内用无毒木压头压制与干燥。所谓"平锅"，是一种锅底为平面的茶锅，锅口直径 50～60 厘米，锅深和锅边均为 5 厘米。在进行菊花茶的压花和干燥时，锅温 50℃ 左右，把捆扎好的茶坯放入加热的平锅内，不能重叠，一边用木制压头从轻到重进行压制，一边进行干燥，锅温不要太高，反复进行，20～30 分钟后，菊花形状逐步形成，含水率达到 15％ 左右，起锅摊凉。然后用盘式烘干机在热风温度为 80℃ 左右进行足火，直至含水率达到 7％ 左右，即完成菊花茶的加工。完成加工的菊花茶，不仅成茶外形美观，而且可获得理想的香气和滋味。

第三篇 红茶的加工

47. 红茶有哪些主要类型？基本特征怎样？

红茶是国际上销量最大的茶类。从成品茶外形不同，可分为条形红茶和红碎茶两大类；而从加工方法的不同，可分为小种红茶、工夫红茶和红碎茶三大类。小种红茶和工夫红茶均为条形红茶。红茶的共同品质特征是干茶色泽乌黑油润，冲泡后红叶红汤。

工夫红茶为条形红茶，发酵较充分，滋味醇厚带甜，我国生产的红茶大多为此类红茶。工夫红茶因初制时揉捻特别注意条索的紧结完整、精制时特别费工夫而得名。由于产地不同和原料鲜叶来自不同品种的茶树，成茶品质亦有差异，按产地不同，有祁红、滇红、川红、宜红、宁红、闽红、越红之分，其中祁红和滇红品质优良，特别是祁红为世界著名高香红茶。

小种红茶为我国福建省的特产，条形。由于加工过程中，用燃烧松木柴所形成的烟气进行加热萎凋和干燥，使干茶带有浓烈的松烟香，"松烟香、桂圆汤"是小种红茶最基本的品质特征。小种红茶由于产地范围不同又可分为正山小种和人工小种。正山小种或称星村小种、松烟小种，产于武夷山星村桐木关，品质最佳。除武夷山外，福建省的福安坦洋、闽侯东北部、政和、屏南、古田、建阳等县也有仿效正山小种制法加工的小种红茶，统称为人工小种，也称外山小种。此外，还有将粗老工夫红茶进行烟熏，加工所得所谓小种红茶，品质低下，称为假小种。

红碎茶为碎颗粒形红茶，因为加工过程中需对加工叶进行揉切，并且揉切充分，有利于多酚类氧化，形成了香气高锐持久，滋味浓、强、鲜的品质特征。印度、斯里兰卡、肯尼亚等国生产的红茶产品多为此种类型。20世纪60年代我国开始试制和生产红碎茶，目前在云南、四川等地有少量生产。

48. 红茶加工的基本工序有哪些？各工序加工的目的是什么？

红茶加工的基本工序有鲜叶萎凋、揉捻（切）、发酵、干燥四大工序。

萎凋的目的之一是蒸发鲜叶中的部分水分，使芽叶由硬脆变软，增加韧性，便于揉捻成条；其二是伴随着水分的散失，叶中酶活性增强，引起多酚类等内含成分发生轻度氧化作用，为发酵创造条件，并散发青草气。

揉捻（切）是通过外力作用，对于工夫和小种红茶而言，使叶片卷曲成条，缩小体形，塑造优美外形，部分叶细胞组织破损，茶汁部分溢出附于茶条表面，冲泡时茶汁易于溶出，增强茶汤浓度，并为发酵创造条件。红碎茶则是通过反复揉切，达到碎茶率高，为成茶颗粒紧结，滋味浓、强、鲜的品质特征奠定基础。

发酵的目的是，在适当的温度和湿度条件下，增强揉捻（切）叶内的酶活性，使多酚类等内含成分发生强烈的酶促氧化作用，叶色变红，并形成茶黄素、茶红素和其他风味物质，为红茶色、香、味风格特色的形成创造条件，是红茶加工的关键工序。

干燥的目的是，使高温热风通过发酵良好的叶层，迅速终止酶的活性，固定叶内品质成分，发挥香气，形成和固定红茶色、香、味等品质特色，同时蒸发水分，达到充分干燥，利于贮藏。

49. 红茶萎凋、揉捻（切）作业的操作要领是什么？

萎凋是红茶加工的第一道工序，影响和促成红茶萎凋的环境和工艺因素主要有萎凋温度和萎凋时间等。工夫红茶萎凋，鲜叶嫩度不同，要求的萎凋温度也不一样，高档细嫩鲜叶以 20～30℃为好，普通鲜叶以 35～38℃为宜。如温度过高，达到 40℃以上，会造成芽叶灼焦，影响萎凋叶品质。在室温过低时，应向萎凋叶层吹入适量的 35～38℃热风，室温过高时，则应吹入适量冷风。自然萎凋的萎凋时间一般以 8～10 小时为好，高档细嫩鲜叶在 20～30℃的萎凋温度下，8～10 小时完成萎凋且萎凋叶的品质最佳。红条茶高档细嫩鲜叶的萎凋，要求萎凋叶的含水率达到 58%～62%（减重率 39%～45%）、粗老鲜叶的萎凋，要求萎凋叶含水率达到 63%～65%（减重率 27%～30%）为宜。萎凋不足，萎凋叶含水过多，后续加工揉捻叶破碎率高，成条率低，成品茶滋味会略带青涩；萎凋过度，萎凋叶含水过低，成条率差，成茶色暗，香气低，滋味淡，叶底棕暗。

红碎茶特别是 C. T. C 茶加工，鲜叶要求轻萎凋，含水率达到 68%～70%即可投入揉切。红碎茶多采用机械化萎凋，可科学设定和自动控制萎凋参数，为生产率和萎凋质量的显著提高创造了条件。

红条茶要求条索紧结，故要求揉捻充分，但是应遵循"嫩叶轻揉、老叶重揉"、加压"轻、重、轻"的原则，并且为避免茶条破碎，多采取两次，甚至三次揉捻，中间解块分筛，筛面叶实施复揉，以减少破碎，易于紧条。红碎茶的揉切，因采用的揉切设备和配套工艺类型较多，效果和成品茶品质差异较大，应合理选择。

50. 红茶发酵、干燥作业的操作要领是什么？

发酵是红茶加工不可缺少的关键工序。红茶发酵质量的优劣与发酵温度、湿度和发酵时间关系密切。发酵前期要求发酵温度要稍高，利于提高酶的活性，促进茶多酚的酶促氧化，形成较多的茶黄素和茶红素，中后期则要逐渐适当降低发酵温度，以减慢茶黄素和茶红素向茶褐素转化的速度，以保证成品茶的滋味鲜爽和汤色红艳。发酵间室温控制以 25℃为宜，相对湿度以保持在 90％以上，甚至 95％以上为好，从而促进多酚类物质的酶促氧化作用，有利于茶黄素和茶红素的积累。若发酵环境湿度过低，再加上加工叶的含水率也过低，将会使叶中酚类物质的非酶性自动氧化加速，茶褐素积累过多，成品茶冲泡后汤色和叶底变暗，滋味也淡薄。发酵时间，春茶一般以 2.5～3.0 小时为宜，夏秋茶气温较高，发酵时间应适当缩短。发酵时间若过长，成茶香气低，滋味淡，冲泡后汤色和叶底红暗。反之，若发酵时间过短，则发酵不足，香气欠高，味青涩，叶底花青，成茶冲泡后汤色淡浅。

干燥是红茶加工的最后一道工序，条形红茶一般用茶叶烘干机分两段进行干燥，茶叶烘干机的热风速度一般以 0.5 米/秒、供风量 6 000 立方米/时为宜。第一段称毛火（初干），第二段称足火（足干），其间进行摊凉回潮。条形红茶干燥应遵循"毛火高温快烘，足火低温长烘"的原则，毛火茶叶烘干机进风口热风温度为 110～120℃，以不超过 130℃为宜。热风温度过低，酶活性无法完全终止，多酚类物质将继续氧化损失，茶褐素类物质也会增加积累，粗青气得不到充分挥发，造成汤暗、味淡、香低。足火热风温度以 100℃左右为宜，温度过高，易造成焦茶，过低则不利于香气的形成和保持。干燥程度，毛火一般要求达到八成干以上，足火干茶含水率要求达到 6％以下，以利于成茶贮存。

红碎茶的干燥，多采用大型烘干机或流化床烘干机进行一次性烘干。应用的大型茶叶烘干机，均是上叶输送带和烘箱内同时通热风加热形式，输送带进口热风温度 130℃，烘箱进热风口温度 95～100℃，茶叶干燥充分。红碎茶若采用流化床式烘干机进行干燥，流化床式烘干机一般分为三段流化、一次烘干。三段热风温度分别为 120℃、105℃、80℃，全程干燥时间 16～20 分钟，颗粒状的茶叶在悬浮状态下，与热风接触充分，一边失水，一边缓慢前移，含水率达到6%以下，从出茶口排出机外，干燥快速并充分，节能效果良好。

51. 小种红茶的品质特征如何？应怎样进行加工？

小种红茶以福建武夷山桐木关正山小种红茶为代表，品质特征为外形条索壮、直、重实，色泽乌润，带有似荔枝干香气的松烟香气，汤色浓红艳，滋味似桂圆汤味。正山小种红茶的松烟香气不同于一般烟气，不仅无损于茶叶真实香气，没有刺鼻气味的不适，反而令人有一种爽快的香气感觉。荔枝干香气和似桂圆滋味是正山小种茶独特的品质风格。

小种红茶的初制加工有鲜叶萎凋、揉捻、发酵、过红锅、复揉、烟熏干燥和筛分复焙等工序，加工技术有独到之处。

鲜叶萎凋 有室内加温萎凋和日光萎凋两种。茶叶加工期间因当地多为阴雨天，以室内加温萎凋为主，但晴天采摘，多采用日光萎凋，节约燃料，劳动强度小，萎凋均匀，成茶品质好。日光萎凋的具体做法是在茶厂附近向阳处搭起高2.5米、宽4米、长度因地灵活掌握的晒青架，晒青架的上部，先用厚竹片纵横交错编搭成方格状的水平顶栅，顶栅上再铺竹席摊叶，摊叶厚度2.5~3厘米，萎凋过程中翻叶1~2次，使萎凋均匀。萎凋时间长短根据日光强弱灵活掌握，日光较强时20~40分钟即可，日光较弱时则需1~2小时。当鲜叶老嫩不一，日光较强的情况下，用日光萎凋，很难达到萎凋均匀，为了克服这一点，往往采取在日光萎凋一段时间后，将叶子移入室内进行适当时间晾青，以使萎凋均匀。

室内加温萎凋方式俗称焙青，焙青在专用的焙青房内进行。焙青房是供小种红茶焙青和烟熏干燥用的特有专门用房，整体为上、下两层的简易楼房结构，楼层架设搁木横档，搁木横档上铺竹编帘席，用以摊叶萎凋；离搁木横档下方30厘米左右处，设置吊架，架上挂置水筛，作发酵叶熏烟烘干之用。萎凋作业时，将鲜叶铺摊

61

在楼上的摊青帘席上，一种加温方法在楼下地面上直接燃烧松柴，最好选用带松脂柴片，加温时要关闭焙青间的门、窗，使室内温度保持在20～30℃，摊叶厚度3厘米左右或2.5千克/平方米。每隔15～30分钟要翻拌叶一次，直到萎凋达到适度为止，时间需要1.5～2.0小时。另一种加温方法是在焙青房楼外砌灶燃松柴，楼内地下设烟道，烧火炉灶置于楼外，以减少操作人员在焙青房内工作而对身体健康造成的损害。烟道沟面覆砖块，沟深距灶近深、远浅，以利于从烟道送出的烟气在室内均匀分布。通过烟道上砖块的开与盖调节烟量大小和温度高低，开砖多，烟量大，温度高，反之亦然。

不论是室外日光萎凋还是室内加温萎凋，均要求鲜叶失去原有光泽，叶脉呈透明状态，叶梗萎软，青臭气消退，完成萎凋过程。

揉捻　一般采用如6CR-55、6CR-65型茶叶揉捻机，揉捻时间60～90分钟，分两次进行，中间解块筛分一次，揉至茶汁溢出，叶卷成条即可。

发酵　方法是将揉捻叶装在发酵筐中稍加压紧，叶层厚度为30～40厘米，表面覆盖上用温水浸过的湿布，置于发酵室内，发酵叶温保持在26～28℃，历时4～5小时，80％以上的叶色均匀转为红褐色，青臭味消退，清香溢出为适度，送去过红锅。

过红锅　是小种红茶加工中的特殊工艺过程，也是提高小种红茶香味的重要技术措施。它的作用是利用高温迅速终止酶的活性，适时停止发酵，可溶性多酚类化合物则保留较多不被氧化，使茶汤鲜浓而甜醇，叶底红亮，并进一步散发青气，提高和挥发香气。过红锅的具体操作方法是，对炒叶锅加温，当锅温上升至200℃左右时，投入发酵叶1.0～1.5千克，迅速翻炒2～3分钟，但不超过5分钟，叶子受热变软即可出锅，完成所谓的过红锅工序。

复揉　叶子出锅后趁热复揉，复揉仍采用茶叶揉捻机，揉捻时间8～10分钟，在揉出茶汁，条索已紧结，下机解块，并及时投入下一工序的烘焙。

烟熏干燥　也是小种红茶制法所特有的工艺特点，是形成香高带松柏烟香和桂圆汤滋味品质风味的过程。烟熏干燥仍然在焙青间内进行，具体的操作方法是，将复揉叶分别薄摊于水筛内，每筛2.0～2.5千克，叶层厚5厘米左右，然后将水筛放置在吊架上，下烧湿松柴，进行熏烟干燥。开始火要大些，以防发酵过度，叶底暗而不展。大约3小时以后，将火适度减小，但是烟要浓，以提高熏烟质量。熏干过程中不用翻叶摊晾，经8～12小时，茶条已可手捻成粉末，即可下筛。

筛分复焙 将烟熏干燥后的茶叶，用1～4号筛进行分筛，分出1～4号茶，并簸去黄片、茶末，拣去茶梗、老叶片，使外形整齐美观。把拣好的各筛号茶，分别进行大堆复火，楼下烧松柴加热，但火温不宜过高，进行低温慢烘，烘至茶叶烟味足，香气高，含水率6%以下，即可下烘摊晾贮藏，完成小种茶的加工。

52. 工夫红茶的品质特征如何？应怎样进行加工？

工夫红茶属于条状红茶，我国广大茶区都有生产，以祁门红茶最为著名，被认为是世界三大高香茶之一。高档工夫红茶条索紧结，匀净，有金毫，色泽乌润，香气清高，滋味鲜爽浓醇，汤色鲜红明艳，叶底匀嫩明亮。

工夫红茶的加工有鲜叶萎凋、揉捻、发酵和干燥四大基本工序。

萎凋 工夫红茶的萎凋有日光萎凋、室内自然萎凋和应用红茶萎凋槽或鲜叶萎凋机的机械萎凋。日光萎凋的技术掌握与小种红茶相同。室内萎凋是将鲜叶摊放在萎凋室内萎凋架的萎凋帘上，摊叶量0.50～0.75千克/平方米，嫩叶薄摊，老叶厚摊，室内要求通风良好，避免日光直射，室温保持在20～24℃，相对湿度60%～70%，萎凋时间一般控制在18小时以内，空气干燥8～12小时可达到萎凋要求。机械萎凋应用最普遍的是红茶萎凋槽，其中以长15米、宽1米、有效摊叶面积为15平方米机型应用最多。红茶萎凋槽多在风机出口装有电加热元件，配用7号轴流风机，风压

3.33～4.00千帕（25～30毫米水柱），作业时鼓风1小时、停鼓风10分钟。摊叶厚度20厘米左右，摊叶均匀，不留空洞，每小时翻叶一次。萎凋温度一般控制在35℃左右，超过38℃易产生萎凋不均和红梗红叶。萎凋时间8～12小时，春茶萎凋叶含水率60%～62%、夏季62%～64%为适度。

揉捻　多用6CR-55、6CR-65、6CR-90型茶叶揉捻机，揉捻车间要低温高湿，适宜室温为20～24℃，地面常洒水，现在不少企业在揉捻室内安装空调控温。投叶量6CR-55、6CR-65、6CR-90三种型号的茶叶揉捻机分别为30～35千克、55～60千克、150千克。揉捻时间以祁门红茶为例，一般总时长为90分钟，细嫩鲜叶分3次揉，第1次30分钟，不加压；第2、3次各揉30分钟，分别加压10分钟，减压5分钟，重复一次。三、四级叶分2次揉，各45分钟，第1次不加压，第2次加压10分钟，减压5分钟，重复2次。细胞破碎率80%以上、90%以上叶片成条为揉捻适度。嫩叶揉捻叶解块不筛分，老叶则直接投入发酵。

发酵　有发酵室发酵和发酵机发酵等形式，以前者常用。将揉捻叶放入发酵筐或发酵车里，堆厚8～12厘米，送入发酵室发酵，发酵室内空气应新鲜。发酵室内的气温以24～25℃、叶温保持在30℃为宜，叶温若超过40℃，则会造成茶香低、味淡、色暗。发酵室内相对湿度应保持在90%以上，最好在95%以上。发酵时间一般为2～3小时，青草气消失，新鲜、清新花果香出现，叶色红变，春茶黄红、夏茶红黄，嫩叶红匀，老叶红里泛青，叶温达到高峰并平稳为适度。

干燥　应用茶叶烘干机，分毛火和足火，毛火进口热风温度110～120℃；足火热风温度85～95℃，不宜超过100℃。摊叶厚度毛火1～2厘米，足火3～4厘米，毛火时间10～15分钟，烘至含水率为20%～25%（七八成干），足火烘至含水率达到4%～5%，手碾茶条成细碎粉末，完成工夫红茶的加工。

53. 红碎茶的品质特征如何？应怎样进行加工？

红碎茶是国际市场贸易量最大的茶叶产品，多被用于袋泡茶的包装原料茶。其品质特征为，外形坚实呈沙粒状，色泽棕褐，内质具有浓强鲜爽风格，收敛性强，汤色、叶底红艳。目前我国红碎茶的加工主要有转子机制法和 C.T.C 制法，均有萎凋、揉切、发酵和干燥四大基本工序。

萎凋 红碎茶一般采用红茶萎凋槽进行萎凋，转子机制法要求萎凋叶含水率为 59％～61％，C.T.C 制法则要求萎凋适当偏轻，萎凋叶含水率为 65％～70％。

揉切 是红碎茶加工特有和颗粒状成型的关键工序。转子机制法，是萎凋叶先用茶叶揉捻机进行初揉，多用机型为 6CR－65 和 6CR－90 型，萎凋叶被揉捻基本成条后，投入茶叶转子揉切机进行揉切。将初揉叶从转子机进茶口投入，被转子螺旋推进至切碎区，通过挤压、绞切、切碎，从出茶口排出，完成揉切。中小叶种鲜叶原料，经萎凋、初揉后，采用这种作业方式加工，要经多次反复揉切，一般需 70 分钟方可完成揉切过程。大叶种中、下档鲜叶原料，一般是萎凋后用 6CR－90 型揉捻机初步揉条 30～40 分钟，然后用转子机进行揉切，也需反复 3～4 次。转子机制法干茶产品颗粒外形紧结，色泽较乌润，但叶子在机内封闭揉切，叶温易升高，香气、滋味往往显得纯熟。

C.T.C 制法所应用的设备是专用的 C.T.C 机，主要结构是一对相向运动、速比为 1∶10 的三角棱齿辊。作业时，萎凋叶连续通过两辊、被强力压入两辊之间的微小间隙，在齿辊上的三角棱齿作用下，被高速搓撕碾碎成为颗粒，茶叶表皮被撕裂，叶肉裸露，茶汁外溢，细胞组织受扭曲或损伤，揉切作用强烈而快速，为发酵创造了良好条件。C.T.C 制法因揉切时间短，瞬间升高的叶温，在敞开的齿辊和输送带上即被散失，故揉切出的揉切叶，仍保持鲜绿色泽，为成品茶"浓、强、鲜"的品质特色形成奠定了基础。但 C.T.C 机揉切作业要求鲜叶原料鲜嫩，要采用 3 级嫩度以上鲜叶并且轻萎凋，否则成茶品质低下。用云南大叶种鲜叶原料加工红碎茶，一般采用洛托凡与三组连装 C.T.C 机组合形式，三组 C.T.C 机齿辊间隙分别为 0.25 毫米、0.16 毫米、0.12 毫米，齿隙最小距离 0.05～0.08 毫米，加工出的成品茶颗粒紧结重实，香味浓强鲜爽，汤色红亮，叶底红匀鲜活。

发酵　采用可控温控湿的专用的红碎茶发酵车或发酵机进行，发酵环境温度以 25℃ 左右为宜，发酵湿度应保持在 90% 以上。发酵车为上口大、下部截面积小、中间设孔板分成的两层结构，下层为空气室，上层盛茶。作业时，将揉切叶 30 千克投入发酵车内，由风管向空气室内送入高湿低温冷风，高湿冷风均匀穿透孔板和茶层，实施通气发酵。另一机械发酵方式所使用的设备为发酵机。发酵机是一种机构类似于茶叶烘干机，并装有控温、控湿装置的发酵设备。将揉切叶均匀摊在发酵床的百叶链板上，厚度 10 厘米左右，在百叶板下通入 20～26℃ 的潮湿空气，发酵时间 20～60 分钟，中间由翻叶装置进行 2～4 次翻叶，完成发酵。发酵程度以叶色开始变红，呈黄色或红黄色，青草气消失，透出清香或花果香为适度。发酵机发酵均匀、茶叶鲜爽度好，可连续化作业。

干燥　有链板式茶叶烘干机和流化床式烘干机两种干燥形式。采用链板式茶叶烘干机进行红碎茶干燥，多应用 6CH‑50 型等大型茶叶烘干机，上叶输送带和烘箱内同时通热风加热，从发酵叶送上输送带干燥过程就已开始。输送带进口的热风温度为 130℃，这样多酚类物质的酶促氧化反应会被快速终止，使成品茶滋味新鲜，接着送入烘箱继续干燥，进口热风温度 95～100℃，从而保证茶叶干燥充分。若采用流化床式烘干机进行干燥，因颗粒状揉切发酵叶，在烘箱内的多孔板上在热风作用下呈沸腾悬浮状态，一边失水，一边前进，在含水率达到 6% 以下完成干燥。流化床式烘干机一般采用三段流化、一次烘干。第一段进口部分热风温度 120℃，中间段为 105℃，第三段即最后段为 80℃，全程干燥时间 16～20 分钟，呈颗粒状的茶叶，在悬浮状态下与热风充分接触，干燥快速并充分，节能效果良好。

第四篇 乌龙茶（青茶）的加工

54 乌龙茶加工对鲜叶原料有哪些特殊要求？基本加工工序和品质特征有哪些？

乌龙茶（青茶）是我国特有的茶类，其前段加工的萎凋和发酵类似于红茶，后段加工的杀青、揉捻和烘焙类似于绿茶，是一种介乎绿茶和红茶之间、称之为半发酵类型的茶类。

乌龙茶加工所使用的鲜叶原料一般较红茶、绿茶成熟度高，要求鲜叶为形成驻芽的成熟新梢，称之为"对夹叶"或"开面梢"。开面叶又有"小开面""中开面"和"大开面"之分。在顶部嫩梢形成驻芽后，顶部第一叶与第二叶面积之比小于 1/3，称小开面；大于 2/3 为大开面；介乎二者之间称为中开面。大开面比中开面新梢成熟度高，小开面新梢成熟度较低。乌龙茶加工采用的鲜叶常为对夹二三叶与一芽三四叶，一般闽南乌龙茶采用的鲜叶较闽北乌龙茶嫩，而清香型乌龙茶比闽南乌龙茶采用的鲜叶更嫩。

乌龙茶的初制加工工序有晒青（加温萎凋）、做青（摇青与凉青、反复多次）、揉捻（闽南乌龙茶还有包揉）、烘焙等。做青是乌龙茶加工的关键工序。乌龙茶具有香气浓郁，有自然花香，滋味醇厚甘爽，叶底绿叶红镶边的色、香、味品质特征。其品质特征主要是在晒青、做青（摇青和凉青）等过程中所形成。

55. 乌龙茶的基本类型有哪些？加工特点和基本品质特征如何？

乌龙茶按照产地不同，可分为闽北乌龙茶、闽南乌龙茶、广东乌龙茶和台湾乌龙茶。按照炒制方法和品质特征不同，可分为以下三种类型。

闽北乌龙茶与广东乌龙茶　加工工艺技术近似，重晒青，轻摇青，发酵程度相对较重，揉捻之后没有包揉造型工艺。成茶外形为条状（闽北乌龙茶条索粗壮紧结，广东乌龙茶则条索紧细），色泽乌褐油润，带砂绿色，内质香气浓郁，滋味浓厚，汤色橙红，叶底红边明显。

闽南乌龙茶　加工过程中轻晒青，重摇青，发酵程度较闽北乌龙茶轻，揉捻之后有包揉造型工艺。成茶外形呈圆曲或颗粒状，色泽砂绿油润，带乌褐色，俗称"青蒂绿腹蜻蜓头"，内质香气浓郁，滋味浓厚，汤色橙黄，叶底黄绿明亮，叶缘朱砂红。

台湾包种茶和闽南清香乌龙茶　加工技术基本相似，轻晒青，轻摇青，发酵程度较轻，重包揉（包揉次数多）。成茶外形呈颗粒状，圆紧重实，色泽翠绿或墨绿色，内质香气清高，滋味浓醇，汤色、叶底绿亮，"绿叶绿汤"。

56. 乌龙茶晒青与加温萎凋作业的目的与操作要领是什么？

乌龙茶的鲜叶晒青又称日光萎凋，遇到阴雨天气时则采用室内加温萎凋。晒青与加温萎凋是乌龙茶加工的第一道工序，对乌龙茶品质的形成十分重要。晒青与加温萎凋的目的，一是蒸发鲜叶部分水分，增强细胞膜透性，降低细胞组织膨胀压力；二是增强酶的活性，促进鲜叶内含物质的水解、氧化降解和转化；三是促使叶绿素等色素物质降解、挥发低沸点青臭气和香气组分的转化。

乌龙茶的晒青与加温萎凋作业，若遇晴天则采用晒青（日光萎凋），如为阴雨天则只能采用室内加温萎凋，或采用红茶萎凋槽进行吹热风机械萎凋。

晒青（日光萎凋）操作的技术要领是，鲜叶进厂后立即薄摊于水筛、竹帘、篾垫或晒青布上进行摊凉，摊叶厚度 10～20 厘米，散发鲜叶中的热气和水汽，保持鲜叶的鲜活度，避免红变。若为晴天，则采取晒青（日光萎凋），一般选择在上午 11：00 之前或下午 3：00 之后，在微弱或中等强度日光下进行晒青。每个水筛摊叶量一般为 0.5 千克，篾垫或晒青布为 0.4 千克/平方米，摊叶厚度 2～4 厘米，晒青时间 15～30 分钟，其间翻叶 2～3 次，达到晒青均匀之目的。如遇阴雨天气，可应用红茶萎凋槽在室内进行吹热风加温萎凋，摊叶厚度 15～20 厘米，热风风温掌握在 35～40℃，历时 0.5～1.0 小时，其间翻叶 2～3 次，使鲜叶萎凋均匀。雨水叶可采用鲜叶脱水机先将叶表水甩干，再进行机械吹风萎凋。

乌龙茶晒青与加温的萎凋适度控制，当观察到鲜叶已呈萎蔫、伏贴状态，手持嫩梢第二叶下垂，叶色转暗绿并失去光泽，萎凋叶含水率降至 74％左右可判定为萎凋适度。萎凋适度与否，也可采取测定鲜叶减重率的方法进行判定，乌龙茶的晒青程度，闽北乌龙茶较闽南乌龙茶重，清香型乌龙茶工艺较闽南乌龙茶轻，闽南乌龙茶萎凋时鲜叶减重率为 6％～12％，闽北乌龙茶减重率为 10％～15％，清香型乌龙茶减重率为 6％～8％，为萎凋适度。

57. 乌龙茶做青和杀青作业的目的与操作要领是什么？

做青是乌龙茶加工的第二道工序，也是形成乌龙茶品质特征的关键工序。

乌龙茶做青过程实际上是通过摇青、凉青的多次反复而完成，广义上还包括之前的晒青与加温萎凋。摇青又称"浪青"，是应用摇青机或摇青筛，使鲜叶在筒或筛中滚动或用双手"碰青"。"碰青"又称"搅拌""做手"，即以双手手掌托着青叶，用微力将其翻动，使之相互碰撞、摩擦，使叶组织部分破坏。凉青是在凉青框架上的凉青匾中完成。凉青匾架是用木或金属制成多层的凉青框架、上置竹编的摊叶匾而组成，晒青叶或摇青叶就摊放在匾中进行凉青，摇青和凉青需经多次交替进行。目前乌龙茶的做青作业多由萎凋、摇青、凉青作业为一体的乌龙茶综合做青机所承担，显著节约了人工劳动和厂房面积，并提高了做青质量。做青室内要求排气、通风条件良好，应避免日光直射。适宜的做青温度为 16～26℃，相对湿度 55%～85%，做青温度控制以（20℃±2℃）、相对湿度以（70%±5%）为宜。

乌龙茶的做青作业包括摇青和凉青。摇青作业的目的，一是促使部分叶缘组织摩擦、破损和青叶内外气体交流，从而促使茶多酚、色素类等内含物质发生酶促氧化降解、转化与水解作用；二是促使叶表水分蒸发和叶内水分均衡分布，增加细胞膜的透性；三是挥发青臭气，促进香气组分转化形成。通过摇青，移动到叶表的水分被蒸发，青叶稍显萎蔫状态。凉青的目的就在于促使青叶中部叶肉细胞和叶脉、嫩茎中的水分，向叶表皮组织移动，使叶内水分均衡分布，嫩茎中内含物质也随着水分的移动输往叶肉细胞，称之为"走水"。逐次摇青、凉青后的青叶渐成半紧张状态，俗称"还阳"或"回阳"，至做青结束，叶缘垂卷，叶片背翻成"汤匙状"，青叶水分降低至 70%左右，做青适度。

乌龙茶的杀青又称炒青，目的是固定与发展做青工序所形成的茶叶品质，一是通过高温杀青，使做青叶迅速受热升温，钝化酶的活性，制止酶促氧化反应，固定萎凋和做青工序所形成的色、香、味、形物质成分；二是蒸发水分，使叶质柔软，利于揉捻（包揉）造型；三是继续挥发青臭气和促使香气成分的转化。

乌龙茶杀青所应用的机具有锅式杀青机和专用的燃气式圆筒杀青机等，以后者应用普遍。由于做青叶的含水率较高，一般为70%左右，故杀青要求高温、短时、杀透，杀青温度一般掌握在200℃以上，青叶投入锅内或机内以发出"噼啪"声为宜，杀青叶含水率要求为 60%左右，手握成团不散，有刺手感，折梗不断，清香、花香显露，无红梗、闷黄叶和焦味，为杀青适度。

58. 乌龙茶揉捻（包揉）作业的目的与操作要领是什么？

揉捻（包揉）是乌龙茶加工初制的造型工序。闽北乌龙茶与广东乌龙茶多采用重揉，闽南和台湾乌龙茶有包揉工序，故揉捻较轻，而台湾清香型乌龙茶一般不进行揉捻即进行包揉。揉捻的目的，一是促使青叶条索紧结成条；二是促使叶细胞破碎，挤出茶汁，以利于冲泡时内含物溶出。包揉在台湾被称为"团揉"，与烘焙交替进行并多次。其目的一是促使加工叶紧结成形，呈卷曲形、螺形、颗粒状；二是促使更多的叶肉细胞组织破碎，挤出茶汁，促使内含物质在一定温、湿条件下发生一定程度的生物化学转化，形成乌龙茶特有的香气和滋味品质特征。

乌龙茶揉捻所采用的设备，多为棱骨较粗且较高的中、小型茶叶揉捻机，如常用的 6CR - 45 型茶叶揉捻机。通常要求每一次的杀青叶，装入揉捻机揉桶一次揉完，投叶相当于 25 千克左右的鲜叶量。乌龙茶要求趁热揉捻（温揉），快速加压，重压为主，揉后解块。揉捻时间一般为 10～25 分钟。闽南乌龙茶有包揉工序，揉时较短，而闽北乌龙茶揉时相对较长。台湾清香型乌龙茶一般不用机器揉捻。

包揉以往均采用手工进行，十分辛苦和费时，现已被速包机、平板包揉机等所替代。青叶趁热放入用白色棉布制成的方形包揉巾中，包紧呈球状，每个包揉球的包叶量相当于 25 千克左右的鲜叶量。将包揉球投入速包机，开动机器快速转、揉、挤、压，时间 1～2 分钟，杀青叶已达到紧实，取出茶球松包，用松包机解块并筛除茶末，然后再用包揉巾包紧茶球，投入速包机和平板包揉机进行复包揉。复包揉时，先经速包机包揉 1～2 分钟，然后投入平板包揉机，进行慢速滚、转、揉、压，时间 3 分钟左右，此后松包解块并筛除茶末。如此反复包揉多次，促使加工叶的条索紧结，形成卷曲形、颗粒状，茶汁挤出。包揉次数依产品外形等品质要求的不同而异，闽南乌龙茶次数较少，一般为 15～20 次，而清香型乌龙

71

茶次数较多，一般达 20～30 次，每次速包和平板包揉之后进行适当烘焙，包揉和烘焙交替进行。最后一次包揉后，包揉球先不解开，定形 0.5～1.0 小时，再进行松包解块，这就是所谓的定形处理过程。

59. 乌龙茶烘焙作业的目的与操作要领是什么？

烘焙是乌龙茶初制加工最后的工序，包括初焙、复焙和足干。初焙又称毛火、初烘，复焙又称复火、复烘，与包揉（团揉）交替多次进行。烘焙的目的，一是破坏残余酶的活性，制止酶促氧化反应，固定揉捻或包揉工序形成的色、香、味、形品质；二是去除水分，紧结条索，使成品茶含水率符合要求；三是促使内含物质的热化学转化，发展乌龙茶的香、味品质。

乌龙茶烘焙应用的机具有自动链板式茶叶烘干机、手拉百叶式茶叶烘干机和竹编焙（烘）笼等。初焙要求高温、快速、短时，机器烘焙热风温度一般为 110～120℃，摊叶厚度 1～2 厘米，时间 6～8 分钟，其间翻拌 1～2 次，初烘叶以手触有刺手感为适度。足干包括足火、炖火。足火一般温度 80℃ 左右，摊叶厚度 2～3 厘米，时间 10～15 分钟，焙至足干，含水率 5%～6%。闽南和闽北乌龙茶一般都要求在足火后进行炖火，炖火温度低，时间长，文火慢焙，掌握温度为 50～60℃，由高到低，摊叶厚度 4～6 厘米，时间 3～4 小时，其间翻拌 3～4 次，焙至含水率为 4%～5%，完成乌龙茶的加工。烘焙过程中应注意"火功香"不能过高，否则会掩盖乌龙茶特有的自然花香。炖火时也可采取先将定形的茶团瓣成数块，不解散，一直焙至手动茶团会自动松开，手搓茶叶呈粉末状为度。

闽南和台湾乌龙茶有包揉工序，包揉后需进行复焙，复焙次数依青叶干度和条索成形状态而定，一般为 2～3 次，使青叶柔软便于包揉，切忌焙叶过干。第一次温度为 90～100℃，此后为 80～90℃，摊叶厚度 2～3 厘米，时间 6～8 分钟。复焙要求青叶干度应依次明显提高，条索依次明显紧结为好。

60. 武夷岩茶的品质特征如何？应怎样进行加工？

武夷岩茶是乌龙茶中的极品之一，产于闽北武夷山岩山（又称内山）。茶园分布于岩山岩缝石隙，岩岩有茶，非岩不茶，遂使岩茶品质具有"岩骨花香"与"岩韵"之风格。武夷岩茶的品质特征是外形条状、扭曲、壮实，色泽乌褐或绿褐，叶面有蛙皮状小白点，汤色橙黄，叶底软亮，叶缘朱红，"绿叶红镶边"，香气馥郁具幽兰之胜，锐则浓长，清则幽远，滋味醇厚，回甘鲜滑，饮后有"味轻醍醐，香薄兰芷"之感，以"岩韵"著称。

武夷岩茶传统加工有晒青（日光萎凋）、做青（摇青、凉青反复多次）、杀青、初揉、复炒（初焙）、复揉、复焙、摊凉、扬簸、拣剔、复火等多道工序。武夷岩茶现已逐步实现机械化加工，加工工序包括晒青（日光萎凋）、做青（摇青、凉青反复多次）、杀青、揉捻、烘焙等，具有"重晒、轻摇、重发酵"的工艺特点。

晒青　武夷岩茶采用对夹二三叶、中开面至大开面成熟梢鲜叶为原料，进厂后应及时摊放凉青，选择在弱光或中度强光条件下晒青，鲜叶薄摊在水筛或竹帘上，历时 15～30 分钟，减重率 12%～18%。以叶态萎软、叶色转暗为度。

做青　包括摇青、凉青和堆青。摇青次数多达 7～8 次甚至 10 多次，每次摇青结合"做手"。摇青由轻到重，凉青时间一般 0.5～1.0 小时，先短后长。最后一次摇青、凉青后进行堆青，俗称"发篓"，堆厚为 30～50 厘米，历时 2～3 小时，出现明显香气，红边面积达 20%～30%、手插堆中有微热感时为堆青适度。

杀青　有手工和机械两种杀青方式，手工杀青要求锅温达到 180～200℃，投叶量 0.5～1.0 千克，炒 4～6 分钟，扬闷结合。机械杀青，使用锅式杀青机，锅温 240～260℃，历时 5～8 分钟；滚筒式杀青机筒温 280～300℃，历时 5～6 分钟。杀青叶香气显露，捏叶成团，折梗不断为适度。

揉捻与烘焙　武夷岩茶属于条形乌龙茶，揉捻要求紧结成条，揉捻和烘焙交替进行，加工工艺包括初揉、初焙（复炒）、复揉、复焙、足干等工序。手工加工，初揉青叶要趁热置于竹编篾片上，叶量 0.5 千克，双手"虎口"张开，手掌抱住杀青叶迅速用力推压，使青叶滚动、揉搓，反复多次，历时 2～3 分钟，至茶汁揉出，外形成条，投入复炒（初焙）。复炒（初焙）锅温 150～180℃，投叶量 0.5～1.0 千克，短时快炒，使条索柔软，便于复揉成条。复揉与复焙，方法同于初揉与初焙，复揉与复焙次数，依加工叶含水和条索紧结度灵活掌握。足干，复揉叶条索紧结后投入足干，要求文火慢焙，烘焙至足干。武夷岩茶的机械揉捻与烘焙，初揉采用 6CR‐45 型茶叶揉捻机，杀青叶趁热装机揉捻，加压遵循"轻、重、轻"原则，历时 10～15 分钟，至基本成条。初焙采用自动链板式茶叶烘干机或手拉百叶式茶叶烘干机，热风温度 110～120℃，摊叶厚度约 2 厘米，烘至青叶柔软即可，切忌烘焙过干，历时 10～15 分钟。复揉与复焙方法同初揉，时间较短，使加工叶紧结成条为宜。一般揉后即足火，但青叶若含水率较高，条索也较粗松，则应进行复焙后再复揉。足干，热风温度 80～100℃，由高到低，摊叶厚度约 2 厘米，烘至足干为度，历时 10～15 分钟。

61. 安溪铁观音茶的品质特征如何？应怎样进行加工？

安溪铁观音茶原产于闽南安溪县，是乌龙茶中的极品之一，与武夷岩茶齐名，享誉海内外。铁观音茶的品质特征为外形卷曲、紧结、重实，呈蜻蜓头状，有"身重如铁"之誉，色泽砂绿鲜润，富有光泽，香气馥郁清幽细长，胜似幽兰花香，滋味醇厚回甘，饮之唇颊留香，喉润生津，味中有香，具特有的"音韵"风格。

目前安溪铁观音茶大多采用机械化生产，手工传统制法和机械化生产工序相似，有摊青、晒青、凉青（静置）、摇青、炒青、揉捻、初烘、初包揉、复烘、复包揉、足干等 10 余道工序。

晒青　使用竹编篾片，叶量 0.5～1.0 千克，中间翻拌 1～2次。大量鲜叶的晒青用晒青席，摊叶 1.0～1.5 千克/平方米。铁观音鲜叶叶质肥厚，含水较多，晒青时间要稍长，程度要稍足。晒至叶面失去光泽，叶色转暗绿，叶质柔软，手持叶梢基部顶两叶下垂，青气减退，略有清香为度。

做青　将两个竹编篾片的晒青叶并成一个，轻翻拌散热摊匀，移入凉青间凉青 30～60 分钟，冷却后做青。做青要求做青间的室温为 21～24℃、相对湿度 70%～75%。"看青做青"为铁观音茶品质形成不可或缺的技术要点。摇青次数应逐次增加，静置时间逐次延长，摊叶厚度逐次增厚，发酵程度逐次加深。摇青可用手工或机械，手工摇青用半圆球大竹筛，俗称"吊筛"。在筛上加一横杠，用绳索悬挂其中，离地高度以方便操作为宜。每次投叶 5～6 千克，一人持筛作往复上下抖动，叶子在筛内跳动翻滚，叶与筛和叶与叶之间碰撞、摩擦，叶缘损伤均匀。机械摇青采用单筒或双筒电动摇青机，圆筒直径 80 厘米，长 150 厘米，容叶量 30～40 千克，转速28～30 转/分。做青完成，做青叶花香浓郁，嫩叶叶面背卷或隆起，红点明显，叶色黄绿，叶缘红色鲜艳，叶柄青绿色，呈"青蒂绿腹红镶边"，当红边充足，香气大起，花香浓郁时品质最佳，为做青适度，应及时投入炒青。

炒青　以高温短时，多闷少透，炒熟炒透为原则，时间为 2 分钟左右，炒至叶色转暗绿，叶张皱卷，叶质柔软，手捏有粘手感为适度，转入揉捻、包揉与烘焙。

揉捻、包揉与烘焙　炒青叶经初揉、初焙和初包揉尔后足火，烘焙与包揉交替。包揉用包揉机，待初步成卷曲状，下机复烘、复包揉。复烘、复包揉反复多次，进一步塑造紧曲外形和促进内含物质转化，至外形卷曲重实。最后一次包揉后，球包紧扎，俗称"定形"，使紧结外形得以固定。包揉除造形作用外，对香、味和色泽发展也有重要影响。足火干燥采用茶叶提香机，低温慢焙，至茶香清纯，花香馥郁，茶色油润起霜，足干下焙，完成铁观音茶的加工，摊凉后装袋贮运。

62. 广东凤凰单丛茶的品质特征如何？应怎样进行加工？

凤凰单丛茶为历史名茶，距今已有600多年的历史，原产于广东省潮安县（今潮安区）凤凰镇。凤凰单丛茶采用凤凰水仙品种茶树、优异单株的鲜叶加工而成。现凤凰单丛茶有80多个品系（株系），凤凰单丛是众多优势单株的总称。凤凰单丛茶外形较挺直、肥硕、油润，香气浓郁，具优雅、清高自然花香，滋味醇厚爽口，具特殊的"山韵"蜜味，极耐冲泡，汤色橙黄，清澈明亮，叶底绿腹红镶边。素有"形美、色翠、香郁、味甘"四绝之称。

凤凰单丛茶的加工技术极为讲究，采用新梢形成对夹叶后2～3天采下的鲜叶，不可太老也不可太嫩。凤凰单丛茶的加工有晒青、凉青、做青、杀青、揉捻、烘焙6道工序。

晒青、凉青 于下午4：00—5：00将鲜叶薄摊在竹筛中，以不重叠为度，气温22～25℃，晒青时间12～15分钟，青叶颜色由鲜绿有光泽转暗绿失去光泽，萎软，减重率达10%～15%，为晒青适度，气温高于28℃不宜晒青。凉青是将晒青叶移入室内竹筛上摊凉，摊叶厚度约3厘米，时间为1.5～2.0小时。

做青 要"看青做青"与"闻青做青"相结合，碰青（做手）用力先轻后重，次数先少后多，静置时间由短渐长，摊叶厚度逐次增厚。至约有70%的青叶达到"二分红七分绿"（绿腹红边），叶态汤匙状，闻之香气浓郁带甜香为适度。大量生产采用摇笼（摇青机）做青，凉青2小时后进行首次摇青，竹笼转速16～18转/分，每隔2小时摇青1次，共摇5次，每次时间递增1分钟。摇青后将笼内青叶松翻，摊开静置。

杀青 在摇青后2～5小时内、依青叶香气转化程度及时进行。高档茶手工杀青，锅温130～150℃，时间10～15分钟。青叶柔软有粘手感，梗折不断，清香显露为杀青适度。

揉捻 将杀青叶摊开，消散部分热气、水汽，趁热投入茶叶揉捻机揉捻，加压"轻、重、轻"，时间 3～5 分钟，出茶后解块理条，用双手捧青叶甩成较直条索。

烘焙 采用烘笼地炉、热风焙炉或茶叶烘干机烘制，提倡炭炉烘笼多次烘焙。第一次烘温 95℃，每笼投叶 0.2～0.3 千克，烘至 5～6 成干摊凉；第二次烘温 80～90℃，投叶量为初烘茶的 2 倍，烘至 8 成干摊凉；第三次烘温 60～70℃，投叶量为二烘茶的 2 倍，烘至 9.5 成干摊凉；第四次烘温 50～60℃，投叶量 2～3 千克，烘至足干，茶叶捻之成粉末，含水率达到 6％以下，完成凤凰单丛茶的加工。

63. 台湾包种茶的品质特征如何？应怎样进行加工？

据记载，我国台湾地区的茶叶产制技术，系于 1810 年从福建省武夷山传入到台北市文山区一带。台湾包种茶为 150 余年前创制，成茶用方纸包成长方形的四方包，因而得名。现台湾地区以文山、南港及宜兰等地所产的条形包种茶最为著名，外形条索自然弯曲，汤色蜜绿（黄中带绿），茶香特别明显，具优雅花香，是特别看重香气的茶类，俗称"清茶"而闻名国内外。

台湾包种茶的加工有日光或室内加温萎凋、做青、炒青、揉捻、烘焙等工序。

萎凋 日光或室内加温萎凋，视天气而定，鲜叶要薄摊（1 千克左右/平方米）。日晒温度以 30～35℃为宜，过高时可用纱网遮阴，历时 10～20 分钟，中间轻翻 2～3 次，失水率为 4％～9％。室内萎凋多用萎凋槽，摊叶厚度 5～10 厘米，热风温度 35～38℃，风速 40～80 米/秒，中间轻翻 2～3 次。

做青 完成萎凋（包括静置与搅拌）的萎凋叶即可开始做青。传统做青方法采取碰青（做手）与静置相结合。就是将日光萎凋叶移至室内，先摊置 2 小时左右，再进行做青。做青一般为 3～5 次，每次历时 1～12 分钟，依次由短到长，每次做青后即予摊置，每次历时 60～90 分钟，依次由长到短。

　　炒青　炒青采用炒青锅，锅温 160～180℃，炒至叶子柔软，芳香显现，减重率 35％～40％为适度。

　　揉捻　出叶后的炒青叶立即投入揉捻机揉捻，先中压揉 6～7 分钟，再重压揉 3～4 分钟，揉捻叶下机后解块，投入烘焙。

　　烘焙　揉捻叶随即进行初干，温度 87～98℃，第二次焙干温度 75～85℃，至足干，完成包种茶加工。

第五篇 白茶的加工

64 福建白茶与安吉白茶的加工技术与品质有何本质区别？

我国六大茶类之一的白茶起源于福建，主产区在福建的福鼎、福安、政和、松溪、建阳等闽东、闽北地区。白茶加工用鲜叶，采自福鼎大白茶、福鼎大毫茶、政和大白茶等福建特有茶树品种，芽叶肥壮。白茶加工的制作工艺极为独特，不炒、不揉，仅有萎凋、烘焙加工工序。白茶属于轻发酵茶，成品茶因外形满披白毫而得名。

安吉白茶系利用产自浙江省安吉等地、茶树芽叶在春季一定时间内呈白色和黄白色、近年被审定命名为"白叶1号"等茶树品种的新梢嫩叶，按绿茶加工技术工艺加工而成。加工技术和产品风格与六大茶类中的白茶截然不同，实质上是一种白叶型的绿茶产品，白叶型茶树远在宋代就有记载。安吉白茶1980年创制于浙江省的安吉县，近年来因为白叶1号茶树品种和安吉白茶加工技术的普遍推广，似安吉白茶类的"白叶茶"产品几乎遍布全国所有茶区。

我国六大茶类是按照加工工艺进行分类。安吉白茶系按照绿茶加工工艺进行加工，制作过程中除鲜叶摊放外，有杀青、揉捻（理搓条）、干燥三大基本工序，故其最终成品茶应属于绿茶产品，也就是说安吉白茶属于六大茶类中的绿茶，为不发酵茶。安吉白茶因富含氨基酸，成茶滋味特别鲜爽，芽叶完整，叶肉玉白，茎脉绿翠、新鲜、匀净、美观。

而六大茶类中的白茶，系采用福建福鼎、政和等地的福鼎大白茶等茶树品种鲜叶，并通过传统白茶的萎凋和烘焙工序加工而成。萎凋过程中伴随着茶多酚物质的轻微发酵，形成了外形肥壮，满披白毫，色泽鲜艳具银色光泽，香气清新，毫香浓，滋味鲜醇甘爽，汤浅杏黄色、明亮的品质特色，属于微发酵茶。

总之，安吉白茶虽然也被称作"白茶"，但它仅是用茶树白色芽叶为原料、用绿茶加工技术加工而成，是名副其实的绿茶，而六大茶类中的白茶，是采用不揉、不炒，仅用特别充分的萎凋和烘焙工艺加工而成，为六大茶类中名副其实的传统类型白茶。两者不能混淆。

65. 白茶主要类型有哪些？对原料鲜叶有何要求？

六大茶类中的白茶，因为采用不同茶树品种、嫩度不同的鲜叶进行加工以及加工精细程度不同，产品类型可分为白毫银针、福建雪芽（白雪芽）、白牡丹、贡眉、寿眉、新工艺白茶等。通常将白毫银针、福建雪芽（白雪芽）、新工艺白茶称之为特色白茶。

白毫银针制作的鲜叶原料，采自福鼎大白茶、福鼎大毫茶和政和大白茶等良种茶树，茶芽肥壮，茸毛特多，特别适于芽头粗壮，遍披白毫的白毫银针茶的加工。

白牡丹制作采用的原料鲜叶，系采自政和大白茶和福鼎大白茶良种茶树的芽叶，生产中也有选用福鼎大毫茶鲜叶加工白牡丹的。在保证鲜叶原料芽叶肥嫩、白毫显露原则下，鲜叶原料要求选用春茶第一轮的一芽二叶鲜叶，芽与二叶长度要基本相等，并要求"三白"，即芽与二叶均满披白色茸毛。夏秋茶的鲜叶不用于制作白牡丹茶。

贡眉加工用鲜叶，采用菜茶的一芽二三叶嫩梢。寿眉产品则采用加工白毫银针'抽针'剥下的单片叶制成，或采用白茶精制中的片茶按规格配制而成。

66. 白毫银针茶的品质特征如何？应怎样进行加工？

白毫银针茶是白茶中传统和闻名遐迩的名茶产品。外形肥壮、满披白毫，色泽鲜艳，具银色光泽，福鼎白毫呈银白色，政和白毫呈银灰色，内质香气清新，毫香浓，滋味鲜醇甘爽，汤浅杏黄色、明亮。

白毫银针加工虽然均仅有萎凋、烘焙两道工序，但产地不同，制法也有所差异，福鼎产者称北路银针，政和产者称西路银针。

福鼎白毫银针加工中的萎凋，采用室内萎凋与日光下轻晒相结合的复式萎凋制法，晴爽天气晒一天，至八九成干进行文火烘焙。遇阴雨天气采用室内萎凋，减重率达 40% 左右即进行烘焙，以防成品茶色泽变灰褐、黑褐色。烘焙采用烘笼，在笼内先铺一层白纸，萎凋叶薄摊在白纸上，八九成干的萎凋叶每笼约 0.25 千克，温度一般为 50～60℃，时间约 30 分钟，烘至足干。六七成干或阴雨天减重率为 40% 的萎凋叶，则可采取烘焙 2～3 次，毛火温度一般为 60～70℃，足火 50℃ 左右，由高到低，其间摊凉 1～2 次，烘至足干，即手搓成粉末、易折断，完成加工。

政和白毫银针茶主要产于政和、松溪、建阳等闽北茶区。白毫银针的加工方法有两种，第一种采用全萎凋制法，晴天进厂的鲜叶在室内薄摊萎凋，或在弱光下轻晒至七八成干，再置于强日光下晒至足干。第二种制法是鲜叶在室内自然萎凋至七八成干，然后采用文火烘至足干，烘焙技术操作与福鼎白毫银针相同。

67. 福建雪芽（白雪芽）茶的品质特征如何？应怎样进行加工？

福建雪芽（白雪芽）由福建省农业科学院茶叶研究所 1985 年创制。外形粗壮，白毫密披，色泽洁白或银白，具光泽，叶面绿翠，叶背显白，叶缘垂卷，芽叶连枝伸展，内质香气清鲜醇爽，毫香显露，滋味鲜醇甘爽，耐泡，汤色淡绿或黄绿色，清澈明净，叶底嫩绿、明亮、肥软、完整，主脉和梗微红，泡入杯中犹如鲜花朵朵。

福建雪芽加工有萎凋、烘焙、拣剔、复焙等工序，具有"轻萎凋，重烘焙"的工艺技术特点。

萎凋 福建雪芽的加工，采用福鼎大白茶、福鼎大毫茶等一芽一叶为主的鲜叶原料，一芽二叶不超过20％。萎凋采用室内自然萎凋或室内自然萎凋与加温萎凋相结合的方式进行。室内自然萎凋，鲜叶进厂薄摊在萎凋帘或水筛上进行萎凋，同时拣除鱼叶、粗老叶及夹杂物，摊叶量约0.6千克/平方米，要求芽叶互不重叠。萎凋24～48小时，鲜叶减重率达50％以上或含水率降至30％～40％，芽尖与嫩梗翘起，叶缘垂卷，毫色发白时拼筛。拼筛后摊叶厚约10厘米，叶温不超过28℃，约1小时下筛烘焙；阴雨低温天气采用室内自然萎凋与加温萎凋相结合方式进行萎凋，在自然萎凋24～30小时后，进行加温萎凋。加温萎凋有两种方法，一是萎凋槽热风萎凋，就是将水筛架在萎凋槽上，风温30～35℃，时间1～2小时，完成萎凋；二是室内鼓热风萎凋，鼓热风使萎凋室温提高到22℃以上，相对湿度降至75％以下。拼筛方法与萎凋程度的掌握与室内自然萎凋相同。

烘焙 是形成福建雪芽有别于传统白茶品质特征的重要工序，特点是烘焙多次，时间长，以提升茶香，增进茶味，为福建雪芽特有的加工技术。烘焙采用茶叶烘干机，初焙热风温度110～120℃，薄摊，芽叶互不重叠，时间10～15分钟。复焙进行2～3次，热风温度70～90℃，逐次降低，摊叶厚3～4厘米，时间约10分钟，每次烘焙后摊凉0.5～1.0小时。若干度不足继续复焙，热风温度50～60℃，焙至足干，即含水率5％～6％，手搓茶叶成粉末，易折断，完成烘焙。

拣剔与复焙 从烘焙叶中拣除黄片、粗大叶、暗褐色叶及夹杂物。不同批次茶叶分批复焙，复焙热风温度80℃，摊叶厚3～4厘米，时间约10分钟，烘焙至茶叶含水率达5％左右，完成福建雪芽的加工。

68. 白牡丹、贡眉茶应如何进行加工？

白牡丹茶的品质特色是，绿叶夹银白色毫芽形似花朵，冲泡之后绿叶托着嫩芽，宛若牡丹蓓蕾初开，故名。白牡丹、贡眉茶等与所有白茶一样，加工过程中仅有萎凋和烘焙两道工序。

萎凋 方法有室内自然萎凋、复式萎凋（室内自然萎凋辅以日光萎凋）和加温萎凋。

室内自然萎凋，鲜叶进厂后均匀摊放在萎凋室内的萎凋帘或水筛上，萎凋帘摊叶厚度 2～3 厘米，水筛每筛 0.5 千克。萎凋温度 25℃±3℃、相对湿度 70%±5% 为宜。春茶期间多低温高湿天气，应关闭萎凋室窗户，鼓 30℃ 上下的热风，提高室温，降低湿度。夏、秋茶期间多高温，应开窗通风或用空调等设备降温、排湿。萎凋时间为 48～54 小时。为避免萎凋叶贴筛，应及时进行拼筛，在萎凋 36～42 小时或萎凋叶达七八成干时，两筛拼一筛。大白茶两次拼筛，七成干时两筛拼一筛，待八成干时再两筛拼一筛，并摊成凹状。贡眉、寿眉等低档茶采用摊放，摊叶厚度 10～20 厘米，鲜叶含水率高薄摊，反之厚摊。拼筛后继续萎凋 12 小时左右，达九成干下筛拣剔，拣去蜡片、黄片、红叶、梗和夹杂物。如系全萎凋方式加工，拣剔后继续萎凋至足干。

复式萎凋，是指夏、秋茶先将青叶放在微弱日光下轻晒，若温度为 25℃ 上下、相对湿度 70% 左右，每次约晒 30 分钟；温度高于 28℃、相对湿度低于 60%，则晒 15 分钟左右。手触青叶有微热感即移入室内，待叶温降低后，再进行第二次日光萎凋，如此反复 2～4 次，总时间 1～2 小时。拼筛、拣剔方法与室内自然萎凋相同。如遇阴雨天可进行加温萎凋，就是将鲜叶摊放在萎凋槽槽面的筛网上，厚度 10～20 厘米，以风吹不至出破洞为度，风温 30℃ 左右，历时 12～16 小时，其间翻拌数次。一般采取鼓热风 1 小时与停吹 15 分钟交替进行。萎凋结束前 20 分钟鼓冷风，降低叶温。拣剔方法同室内自然萎凋。如全程采用自然萎凋方式加工，萎凋至手搓茶叶成粉末，含水率低于8%为适度。采用萎凋、烘焙方式加工，萎凋至九成干进行烘焙。

烘焙 有烘干机和烘笼两种方法。烘干机烘焙，九成干萎凋叶一次性烘焙，热风温度80~90℃，摊叶厚度3~4厘米，历时约20分钟，烘至足干。六七成干萎凋叶分两次烘焙，毛火热风温度90~100℃，摊叶厚度3~4厘米，历时约10分钟，出叶摊凉0.5~1.0小时；足火热风温度80~90℃，摊叶厚度3~4厘米，历时约20分钟，烘至足干。烘笼烘焙，九成干萎凋叶同样一次性烘焙，前期每笼摊叶约0.5千克，后期约1.0千克。六七成干萎凋叶两次烘焙，毛火用明火，每笼摊叶约0.75千克，出叶摊凉0.5~1.0小时；足火用暗火，每笼摊叶约1.0千克，其间翻拌数次。烘焙至手捻茶叶成粉末，折梗易断，含水率6%以下，初制加工完成。

69. 新工艺白茶的品质特征如何？应如何进行加工？

新工艺白茶系福建福鼎白琳茶厂1985年创制。鲜叶原料为一芽二三叶或对夹二三叶，与贡眉等鲜叶要求相同。新工艺白茶的品质特征为外形稍成条状，内质香气清鲜，滋味平和，稍显回甘，汤色杏黄，内质与寿眉相似，但汤色较深，滋味较浓，别具风格。

新白茶加工有自然萎凋（或加温萎凋）、揉捻、烘焙、整理拼配等工序。

萎凋 有室内自然萎凋和加温萎凋两种，方法与白牡丹茶相同，当叶色转灰绿、微显清香为萎凋适度。室内自然萎凋，时间48~70小时，嫩叶重萎凋，老叶轻萎凋，以利揉捻成条。加温萎凋后辅以堆青，以使萎凋叶水分分布均衡，叶色转灰绿，微显清香。方法是把萎凋叶装篓蓬松堆积，堆厚30~40厘米，叶温25℃左右，历时3~5小时。应注意避免萎凋叶因温度过高而产生发酵感。

揉捻 是新白茶区别于一般白茶的加工工序，目的是改善鲜叶原料偏粗老而造成的外形粗松、滋味偏淡。方法是将萎凋叶蓬松装入揉捻机，稍加压或轻加压揉捻 10～15 分钟，以外形稍显条索状为适度。

烘焙 采用茶叶烘干机，热风温度 120℃左右，快速焙干，以手搓茶叶成粉末、折梗易断为宜。

整理拼配 毛茶经筛分、风选、拣剔后进行烘焙，热风温度130～140℃，要求温度较高，以消除原料粗老造成的滋味粗涩与淡薄，显露火功香，这也是新白茶的工艺技术特点。

第六篇 黄茶的加工

70. 黄茶有哪些主要类型？黄叶茶与黄茶有何本质区别？

黄茶为我国六大茶类之一，生产历史悠久，早在唐代四川的蒙顶黄芽、安徽的霍山（寿州）黄芽已很出名。黄茶按照原料鲜叶的老嫩可分为黄芽茶、黄小茶和黄大茶。黄芽茶的鲜叶原料芽叶细嫩，如君山银针、蒙顶黄芽、霍山黄芽均属于黄芽茶；黄小茶是用细嫩的鲜叶加工而成，如浙江平阳黄汤茶、湖南岳阳的北港毛尖茶等均属于黄小茶；黄大茶用一芽二三叶甚至一芽四五叶鲜叶加工而成，如六安黄大茶、广东大叶青茶等。

黄茶的品质特点是黄叶黄汤，香气清悦，滋味醇厚。

近年来，一些黄叶类品种茶树种植和普及速度较快，这些品种的茶树，因在浙江不同县、市茶区发现，植株性状和鲜叶制茶品质有所差异，近几年通过审定，被命名为"中黄1号""中黄2号""中黄3号"，用这类茶树鲜叶加工出的茶叶产品，在业界也被称作"黄茶"。这类"黄茶"，名称虽然与六大茶类中的黄茶相同，但加工技术和品质特点却差别显著。如前所述，我国的六大茶类，是以加工工艺和发酵程度等为依据进行分类，这些用部分品种茶树春季所发出的黄色芽叶制作的"黄茶"，完全是应用绿茶的加工技术和按照绿茶加工的杀青、揉捻和干燥三大基本工序进行加工，故所加工出的茶叶产品，名副其实应属于绿茶，为不发酵茶，或称作黄叶型绿茶。而六大茶类中的黄茶加工，虽然也有绿茶加工的杀青、揉捻、干燥三大基本工序，但在加工过程中增加了一道特殊闷黄工序，正是这道关键的工序造就了六大茶类中黄茶黄叶黄汤，并属于轻发酵茶的品质特征。

总之，按照六大茶类分类规则，在加工过程中如果在杀青、揉捻、干燥基础上，凡还有一道闷黄工序加工出的茶叶产品即为六大茶类中的黄茶，成品茶冲泡后突出的特色是黄叶黄汤。没有此道工序的，虽也称为"黄茶"，但实质上是一种属于绿茶类型的黄叶茶。两者不能混淆。

71. 君山银针茶的品质特征如何？应怎样进行加工？

君山银针产于湖南岳阳君山，属于黄芽茶。君山是位于洞庭湖中的小岛，早在唐代所产茶叶就被列为贡品，新中国成立后，挖掘传统工艺而加工出的茶叶产品，1956 年被定名为君山银针。君山银针茶芽头肥壮，紧实挺直，芽身金黄，满披银毫，称为"金镶玉"，汤色橙黄明净，香气清纯，滋味甜爽，叶底嫩黄明亮。

君山银针的加工有杀青、摊放、初烘与摊放、初包、复烘与摊放、复包、足火、整理分级 8 道工序。

杀青 在杀青锅内进行，锅壁要求磨光擦净，开始锅温为 120～130℃，后期适当降低。每锅投叶 300 克左右，鲜叶下锅用手轻快翻炒，切忌重力摩擦，以免芽头弯曲、脱毫、色泽深暗。经 4～5 分钟，芽蒂萎软，青气消失，发出茶香，减重 30％左右，即可出锅。出锅后的杀青叶放在小篾篮中，轻轻簸扬数次，散热并清除碎片，然后摊放 2～3 分钟，投入初烘与摊放。

初烘与摊放 将摊放后的杀青叶置于直径 46 厘米、内糊两层牛皮纸的竹制小盘内，放在灶口直径 40 厘米、灶高 83 厘米的焙灶上，用炭火进行初烘。温度控制在 50～60℃。每隔 2～3 分钟翻叶 1 次，至五六成干即可下烘，摊放 2～3 分钟投入初包。

初包 取 1.0～1.5 千克初烘摊放叶，用双层牛皮纸包成一包，置于无异味的木或铁制箱内，放置 48 小时左右，使茶芽在湿热作用下闷黄，芽色呈现橙黄时为适度。因包闷时包内茶叶温度会上升2～4℃，可达到30℃左右，应及时翻包以保证转色均匀。初包时间在气温20℃左右时，约需40小时，气温低应适当延长初包闷黄时间，初包完成则进行复烘与摊放。

复烘与摊放 复烘投叶量比初烘多1倍，复烘温度45℃左右，至七八成干，再予以摊放，然后投入复包。

复包 方法与初包同，历时24小时左右，弥补初包黄变程度之不足，茶芽色泽金黄，香气浓郁为适度。

足火 将复包叶摊放在竹编烘笼上进行足干，温度为50℃左右，每次投叶约0.5千克，至足干为止。

整理分级 完成足干的君山银针茶，按芽头肥瘦、曲直和色泽黄亮程度进行分级。芽头壮实、挺直、黄亮者为上，瘦弱、弯曲、暗黄者次之。分级后用牛皮纸分别包成小包，置于垫有熟石膏的枫木箱中密封贮藏。

72. 蒙顶黄芽茶的品质特征如何？应怎样进行加工？

蒙顶黄芽茶产于四川省名山县（今名山区）蒙山，属于黄芽茶。外形微扁挺直，嫩黄油润，全芽披毫，内质甜香浓郁，汤黄明亮，味甘而醇，叶底全芽明亮。

蒙顶黄芽茶加工有鲜叶摊放、杀青、初包、复锅二炒、复包、三炒、堆积摊放、四炒、烘干、包装10大工序。

鲜叶摊放 鲜叶进厂立即摊在篾簸上，厚度1～2厘米，4～6小时后投入杀青。

杀青 在杀青锅内进行，锅温140～110℃由高到低逐渐下降，每锅投叶量150～200克，先闷后抖，以压、抓、撒方式炒至茶香溢出，无青臭气为适度。

初包 将1锅含水率为55%～60%的杀青叶趁热用双层草纸包好，放在制茶灶上保温闷黄，叶温要求保持在35～55℃，时间60～80分钟，在放置30分钟时开包翻拌1次，叶色由暗绿变微黄时，进行复锅二炒。

复锅二炒　在炒茶锅内进行，锅温 70～80℃，时间 3～4 分钟，投叶量 100 克左右，抖闷结合，重在拉直，至含水率 45% 投入复包。

复包　将 50℃ 的复炒叶经 50～60 分钟保温放置，叶温下降至 35℃ 左右进行复包，叶色变为浅黄绿时再进行三炒。

三炒　方法与二炒同，锅温 70℃，投叶量 100 克左右，炒至含水率 30%～35% 为适度，进行堆积黄变。

堆积摊放　在三炒后，趁热撒在垫有草纸的茶簸内，逐渐堆厚 6～10 厘米，保温在 30～40℃，时间 24～36 小时，堆积变黄，适当摊放后投入四炒整形提毫。

四炒　每锅投叶 100 克左右，锅温 60～70℃，时间 3～4 分钟。整形操作以拉直、压扁茶条为主，提毫时将锅温提高，手握茶芽，在锅内翻滚，芽毫显露，形状固定，茶香浓郁即可出锅。

烘焙干燥　用烘笼，每笼烘叶 250 克，至含水率 5% 左右，完成加工，趁热包装入库。

73. 平阳黄汤茶的品质特征如何？应怎样进行加工？

平阳黄汤茶产于浙江南部泰顺、平阳、瑞安、永嘉等县，以泰顺东溪和平阳北港（南雁荡山区）所产品质最好。平阳黄汤茶始于清代，已有 200 余年历史，属黄小茶。

平阳黄汤茶的品质特点是条形细紧纤秀，色泽黄绿多毫，汤色橙黄鲜明，香气清芬高锐，滋味鲜醇爽口，叶底芽叶成朵匀齐。

平阳黄汤的制作可分为杀青、揉捻、闷黄、初烘、闷烘 5 道工序。

杀青　在杀青锅内进行，锅温 160℃ 左右，每锅投叶 1.0～1.2 千克，要求杀匀杀透，叶质柔软，叶色暗绿，投入揉捻。

揉捻　降低锅温，在杀青锅内转为滚炒揉捻，滚炒到茶叶基本成条，减重 50%～55%，即可出锅。

闷黄　将揉捻叶一层一层地撒在竹匾上，厚约 20 厘米，上盖白布，静置 48～72 小时，叶色转黄，即可初烘。

初烘　用烘笼烘焙，每笼投闷黄叶约 1.2 千克，时间 15 分钟左右，约七成干时下烘，适当摊凉投入闷烘。

闷烘　将初烘叶放在布袋内，每袋 1.0～1.5 千克，连袋搁置在烘笼上闷烘，叶温 30℃左右，经 3～4 小时达九成干，再经筛簸，剔除片末，复火到足干，完成加工，即可包装。

74　六安黄大茶的品质特征如何？应怎样进行加工？

六安黄大茶产于安徽霍山、六安、金寨、岳西，毗邻的湖北英山也有生产。六安黄大茶的品质特征为外形梗壮叶肥，梗叶相连似钓鱼钩，色泽油润，呈"古铜色"，内质汤色深黄，叶底黄褐，滋味浓厚耐泡，具有高爽的焦香味。并以大枝大叶、茶汤黄褐、焦香浓郁为主要品质特色。

六安黄大茶的加工有炒茶（杀青、揉捻）、初烘、堆积、烘焙等工序。

炒茶（杀青、揉捻）　六安黄大茶采用的鲜叶原料为一芽四五叶。炒茶分生锅、二青锅、熟锅，三锅相连操作。用普通饭锅，砌成三锅相连的炒茶灶，炒茶锅呈 25°～30°倾斜置放。炒茶把用竹丝扎成，长 1 米左右，前端直径约 10 厘米。当地茶农将炒茶方法概括为三句话："第一锅满锅旋，第二锅带把劲，第三锅钻把子。"生锅主要功能为杀青，锅温 180～200℃，投叶量 0.25～0.50 千克，炒制时两手持炒茶把与锅壁成一定角度，在锅中旋转炒拌，叶片跟着旋转翻动，均匀受热失水，要翻得快、用力匀，不断翻转抖扬，散发水汽，炒 3 分钟左右，叶质柔软，扫入第二锅。二青锅的功能为继续杀青并初步理条，锅温稍低于生锅，炒茶用力比生锅大，即"带把劲"，转圈也要大，起到揉捻作用，使叶片顺着炒茶把转，不能赶着叶片转，否则叶片满锅飞，起不到揉捻作用。而后再加上炒揉，用力逐渐加大，叶片皱缩成条，茶汁粘着叶面，有粘手感，扫入熟锅。熟锅是进一步做细茶条，锅温低于二锅，为 130～150℃。这时叶质较柔软，用炒茶把旋炒几下，叶片即被裹到竹丝把间，谓之"钻把子"，旋转搓揉，利于做条，稍加抖动，叶片又散落到锅内，这样反复操作，炒至条索紧细，发出茶香，达三四成干出锅，立即进行初烘。

初烘　用炭火小烘篮，温度 120℃ 左右，每篮摊叶 2.0～2.5 千克，高温快烘，每 2～3 分钟翻叶 1 次，约 30 分钟，达七八成干，下烘投入堆积。

堆积　为变黄的主要过程，将初烘叶趁热装篓或堆积于圈席内稍压紧，高约 1 米。置于干燥烘房内利用烘房余热进行闷黄，一般经 5～6 天，叶色变黄，香气透露，投入烘焙。

烘焙　先拉小火（毛火），低温慢烘，去除部分水分，进一步促进黄变。至九成干拉老火（足火），采用栎炭明火进一步促进黄变和内质变化。烘焙温度 130～150℃，每烘篮摊叶 12 千克左右。两人抬烘篮仅烘几秒钟就需翻动 1 次，翻叶要轻快均匀，防止茶末等落入火中产生烟味。只有高火功、时间足，色味才可充分发展。烘至茶梗折之即断，梗心呈菊花状，口嚼酥脆，焦香显露，茶梗金黄，芽叶黄褐起霜，完成六安黄大茶的加工。

第七篇 黑茶的加工

75. 黑茶有哪些主要类型？加工技术有何共同特点？

黑茶为我国六大茶类之一，属后发酵茶。黑茶生产历史悠久，区域广阔，品种花色丰富。其共同特点是加工用的鲜叶原料较粗老、都有渥堆变色工艺、成品毛茶大多被作为再加工茶紧压茶的原料茶。

黑茶按照产地不同有四川黑茶、湖南黑茶、湖北老青茶、广西六堡茶、云南普洱茶等。

黑茶加工的共同技术特点是加工过程中都有杀青、揉捻、渥堆和干燥4道工序，渥堆是黑茶加工的关键工序。杀青、揉捻和烘干用的设备与烘青绿茶加工相同。

杀青 因为黑茶加工采用的鲜叶原料较粗老，含水较少，杀青时要求按鲜叶重量的10%洒水。

揉捻 杀青叶要求趁热揉捻，叶温应保持在40℃左右。揉捻结束，将揉捻叶从揉捻机中成团取出投入渥堆。

渥堆 渥堆是黑茶独有、也是其品质特征形成而共有的关键工序。从揉捻机中取出的成团揉捻叶，叶温仍有30～35℃，渥堆的中后期，热量在堆内积累，在湿热作用下，微生物大量繁殖，保证了渥堆过程的完成。叶温达到45～50℃，要及时进行翻堆，以防止渥堆过度。

干燥 黑茶的干燥，因产地和品质要求不同而不一样，有的采用晒干，也有采用烘干的，从而固定黑茶的色、香、味、形品质特征。

76. 四川黑茶的品质特征如何？应怎样进行加工？

四川是我国黑茶的主要生产基地，按产地不同可分为南路边茶和西路边茶。南路边茶加工较精细，其中的"做庄茶"产于雅安、天全、荥经，品质较好；西路边茶新梢割下后直接晒干，然后投入渥堆。

做庄茶的品质特征为条索卷褶成"辣椒形"，色泽棕褐油润，香气纯正，有老茶香，滋味醇和，汤色黄绿明亮，叶底棕褐粗老。

做庄茶的加工有杀青、渥堆、蒸茶、揉捻、拣梗筛分、晒干（干燥）等工序。

杀青 传统杀青用直径为96厘米的大锅，锅温约300℃，投叶量15～20千克，先闷炒后翻炒，以闷为主，时间10分钟左右，减重10％，叶面失去光泽，叶质柔软，折梗不断，伴有茶香溢出，完成杀青。目前做庄茶的杀青已被滚筒式杀青机所替代。

渥堆 做庄茶多进行4次，少的也要进行3次渥堆。杀青叶要求趁热堆积，堆温保持在60℃左右，时间8～12小时，叶色由暗绿转为淡黄为度。每次蒸踩后都应进行渥堆，待叶色转为深红褐色，堆面出现水珠，即可开堆。若叶色过淡，应延长最后一次渥堆时间，直至符合要求。

蒸茶 使用上口径33厘米、下口径45厘米、高100厘米的蒸桶，放在铁锅上烧水蒸茶，每桶装茶12.5～15.0千克，蒸到斗笠形蒸盖汽水下滴，叶质柔软即可。

揉捻 采用中、大型茶叶揉捻机进行揉捻，分3段揉。第1段不加压揉捻3分钟，使梗叶分离；第2、3段边揉边加压，时间5～6分钟，使叶细胞破损和皱褶茶条，80％～90％叶片卷成茶条即可。

拣梗筛分 在第2、3次渥堆后各拣梗1次，拣净10厘米以上的长梗。第3次晒干（干燥）后进行筛分，粗细分开，分别蒸、渥堆，然后晒干（干燥）。

晒干（干燥） 摊晒一般进行3次，第1次晒至含水率25%～35%，第2次晒至含水率25%～30%，第3次晒至含水率14%～16%。传统干燥以晒干为主，易受天气影响，现在已多采用茶叶烘干机等进行机械干燥。

77. 湖南黑茶的品质特征如何？应怎样进行加工？

湖南是我国黑茶生产大省，产量约占全国的2/5，湖南黑茶原产于安化。

湖南黑茶的品质特征为，外形条索卷折，色泽黄褐油润，忌暗褐，内质香味醇厚，带松烟香，无粗涩味，汤色橙黄，叶底黄褐忌红叶。

湖南黑茶的加工有杀青、初揉、渥堆、复揉、干燥5道工序。

杀青 因原料粗老，杀青前要进行洒水处理（灌浆）。手工杀青，在直径80～90厘米的大锅中进行，锅温280～300℃，每锅投叶4～5千克，鲜叶下锅先用手均匀快炒，至烫手时改用右手持炒茶木叉、左手握草把，从右向左转滚闷炒，称"渥叉"，蒸汽大量出现时，用炒茶木叉将叶子掀散抖炒，称"亮叉"，如此反复2～3次，每次8～10叉，时间4～5分钟，到嫩叶缠叉，叶软带黏性，有清香出现为杀青适度，用草把扫叶出锅。机械杀青采用滚筒式杀青机。

揉捻 采用中型揉捻机趁热揉捻，分初揉和复揉。初揉使较嫩叶卷成条，小部分呈"泥鳅"状，粗大茶叶大部分皱褶成条；复揉则是使加工叶进一步成条。

渥堆 选择背窗、清洁、无异味和避免日光直射场所，要求室温25℃以上、相对湿度85%左右、茶坯含水率约65%。若茶坯含水率低于60%，则可浇少量清水或温水，喷匀。初揉叶无须解块，直接进行渥堆，堆成高约1米、宽0.7米的长方形堆，堆上加盖湿布。一般不需翻堆，但若堆温超过45℃需翻堆1次。正常情况下开始渥堆叶温约为30℃，经过24小时，堆温可达到43℃左右，这时茶堆表面出现水珠，叶色由暗绿变为黄褐，青气消除，发出酒糟气味，叶面茶汁被叶子吸收，手伸入茶堆感发热，结块的茶团一拍即散为适度。

干燥 在专用"七星灶"上燃松柴明火烘焙。松柴堆架在灶口处，点火燃烧，火温借风力透入七星孔内，沿匀温坡均匀扩散到焙床的焙帘上，焙帘温度达70℃以上，撒上第1层茶坯，厚2～3厘米，烘至六七成干，再撒第2层，照此连续撒到5～7层，总厚度达到18～20厘米，当最后一层茶坯烘到七八成干时，退火翻焙。翻焙用特制铁叉，把上层茶坯翻到下层，下层茶坯翻到上层，使干燥均匀。全烘程时间3～4小时，烘至茎梗折而易断，叶子手捻成末，有锐鼻松香，含水率8%～10%为适度，完成湖南黑茶加工。

78. 湖北老青茶的品质特征如何？应怎样进行加工？

湖北老青茶为加工青砖茶的原料茶，产地在湖北蒲圻、咸宁、通山等地，可分为洒面茶、二面茶和里茶。面茶加工较精细，洒面茶色泽乌润，条索较紧，稍带白梗；二面茶色泽乌绿微黄，叶子成条，以红梗为主。里茶较粗放，色泽乌绿带花，叶面卷皱。

湖北老青茶的面茶加工有杀青、初揉、初晒、复炒、复揉、渥堆、干燥等工序。里茶加工有杀青、揉捻、渥堆、干燥等工序。

杀青 如鲜叶叶质粗硬或天气干燥，可适当洒水。杀青采用锅式或圆筒式杀青机，锅温300～380℃，以闷炒为主，做到杀匀杀透，不生不焦，叶色变暗绿，叶质柔软，发出香气，即可出叶初揉。

初揉 采用茶叶揉捻机，趁热揉捻，加压由轻到重，逐步加压，时间8～12分钟，茶汁揉出，叶片卷皱，初具条形为适度。

初晒 将揉后的茶坯摊放在清洁的水泥场或晒垫上，进行日晒，蒸发水分，固定初揉叶外形，要经常翻动，至茶条略干刺手，含水率达 35%～40%，即可收拢成堆，使叶内水分分布均匀，进行复炒。

复炒 将初晒叶仍投入杀青机中复炒，锅温 160～180℃，加盖闷炒，历经 1.5～2.0 分钟，盖缝冒出水汽，复炒叶手握柔软，立即出锅，趁热复揉。

复揉 采用中型揉捻机揉捻，时间 4～5 分钟，加压由轻到重，以重压为主，进一步卷紧茶条，增强细胞组织破损，增加茶汤浓度。

渥堆 复揉叶按面茶和里茶分别用铁耙筑成长方形小堆，边缘踩紧踩实，要求面茶含水率 26%，里茶 36%。一般渥堆 2 次，中间翻堆 1 次。经 3～5 天，面茶堆温达 50～55℃，堆顶满布红色水珠，叶色变为黄褐色；里茶堆温达 60～65℃，堆顶满布猪肝色水珠，叶色变为猪肝色，茶梗变红，第一次渥堆适度。这时进行翻堆，用铁耙将茶堆扒开，打碎团块，把边缘部分翻到中心，堆底部分翻到堆顶，重新筑堆，继续进行第二次渥堆。再经 3～4 天，茶堆重新出现上述水珠和叶色，粗青气消失，含水率接近 20%，手握有刺手感，为渥堆适度，要及时翻堆出晒。

干燥 老青茶一般采用晒干，摊在清洁的水泥场或晒垫上晒干，晒至手握茶条刺手，茶梗一折即断，含水率 13% 左右为适度。现在老青茶生产中提倡采用茶叶烘干机进行机械干燥。

79. 广西六堡茶的品质特征如何？应怎样进行加工？

广西六堡茶因产于广西苍梧县六堡乡而得名，以其特殊的槟榔香被列为我国著名的黑茶类型之一。广西六堡茶的鲜叶原料为一芽二三叶至四五叶，要求当天鲜叶当天制完。广西六堡茶的品质特征是，条索长整尚紧，色泽黑褐光润，汤色红浓，明净似琥珀色，香气醇陈，滋味甘醇爽口，叶底呈铜紫色，并带有松烟味和槟榔味。六堡茶成品茶有散茶和篓装紧压茶两种，散茶可直接冲泡饮用。六堡茶加工有杀青、揉捻、渥堆、复揉、干燥等工序。

杀青 六堡茶加工时，如遇鲜叶过老或夏季高温干燥，可先洒少量清水后再杀青。六堡茶加工的技术特点是低温杀青，有手工和机械两种杀青形式。手工杀青用直径为 60 厘米的铁锅，投叶 3～4 千克，锅温开始阶段约 2 分钟 80～90℃，后升高至 140℃，翻炒 2～3 分钟，适当降温，总计 5～7 分钟。先闷杀，后抖杀，抖闷结合，杀至叶质柔软，叶色变为暗绿，略有黏性，发出清香味为适度。机器杀青采用锅式杀青机，每锅投叶 5 千克，锅温 160℃，杀青时间 5～6 分钟。

揉捻 六堡茶揉捻以整形为主，细胞破损率仅需 65% 左右。粗老叶趁热揉捻，嫩叶短时摊凉后再揉。投叶量以加压后占揉捻机揉桶容积的 2/3 为好，加压应"轻、重、轻"，揉捻 10 分钟左右下机，解块分筛后复揉 10～15 分钟，反复进行，总揉捻时间控制在 40～50 分钟。

渥堆 除二级以上嫩叶揉捻叶要求先低温烘至五六成干再渥堆外，其余揉捻叶经解块分筛后要立即渥堆，堆高一般 33～50 厘米，堆温控制在 50℃ 左右，若超过 60℃，要立即翻堆散热。渥堆时间一般为 10～15 小时，其间要求翻堆 1～2 次。待叶色由青黄变为深黄带褐色，茶坯出现黏汁，发出特有清香，滋味由苦涩转为浓醇，为渥堆适度。

复揉 渥堆后的茶坯用 50～60℃ 的低温先烘 7～10 分钟，接着进行轻压轻揉，使茶条达到细紧，时间 5～6 分钟。

干燥 在七星灶上燃松柴明火烘焙，忌燃用樟木、油松或湿柴，并不得以晒代烘。毛火烘帘温度 80～90℃，摊叶厚 3～4 厘米，每隔 5～6 分钟翻叶 1 次，开始火力要大，至五成干时逐步减弱火力，烘至六七成干下焙，摊凉 30 分钟，再足火干燥。足火采取低温长烘，烘温 50～60℃，摊叶厚 35～45 厘米，时间 2～3 小时，烘至含水率 10% 以下，完成广西六堡茶的加工。

第八篇 茶叶的精制与筛分整理

80. 茶叶精制与筛分整理的目的是什么？

　　茶叶的精制和筛分整理都是以初制毛茶为原料，毛茶通过一系列的精制或筛分整理等技术加工，使初制毛茶被加工成市场上所消费的商品茶。大宗茶特别是用于出口的大宗茶类，因为初制加工用鲜叶相对来说较粗放，有可能芽叶大小不一，并含有老梗老叶，故初制毛茶的加工处理技术较复杂，称作精制。而现在的茶叶采摘特别是名优茶鲜叶的采摘均趋向于精细，很少出现老嫩混杂和含有老梗老叶现象，特别是名优茶类的初制毛茶加工，仅需进行较为简单的筛分等处理即可上市，其加工过程一般不再称作精制，而称作筛分整理。

　　茶叶精制与筛分整理的目的是：①整饰外形，分清规格。由于鲜叶老嫩和加工技术不一，毛茶形态各异，通过精制与筛分整理，按长、圆、粗、细、轻、重等分别归类，加工成各种花色成品茶。②分出老嫩，依据老嫩划分等级，形成不同等级的筛号茶。③剔除次杂，纯净品质。剔除茶叶中所含老叶、鱼叶、筋梗和非茶类夹杂物等，纯净品质。④适度干燥，改进品质。通过烘、炒做火，去除因贮运等引起的含水率增加，适度干燥，紧结茶条，提香灭菌。⑤合理拼配，调节和改善品质。通过筛分整理虽已整理区分出不同的花色和筛号茶，但原料茶因产地、茶树品种、采摘时间和生产技术存在差异，故品质仍存在参差不齐，在精制与筛分整理中，还应根据各级成品茶标准要求，进行合理拼配，取长补短，调节品质，确保各个时期加工的同级成品茶的规格、品质的一致，确保茶叶品质的稳定性。

81. 茶叶的精制与筛分整理的主要工艺操作有哪些？

　　茶叶精制与筛分整理主要的工艺操作有：①毛茶拼和与搭配。有单级和多级拼和之分，多级拼合系指每批次付制原料由两个以上级别的毛茶拼和而成，整理拼配后成品回收多个级别或以每个级别为主，称为"多级拼合，多级回收"或"多级拼合，单级回收"；单级拼合是指将外形等相同或相近登记的毛茶拼和一起，加工整理拼配后，成品回收多个级别或以每个级别为主，称为"单级拼合，多级回收"或"单级拼合，单级回收"。②筛分。筛分是茶叶精制与筛分整理中整理外形最重要和应用最普遍的技术，作用是将外形混杂的毛茶分别整理出长短、大小、粗细较一致的各种筛号茶，为风选定级奠定基础。常用的筛分形式有圆筛和抖筛两种。圆筛使用茶叶平面圆筛机，主要作用是分清长形茶的长短和圆形茶的颗粒大小。通常把经过切分或抖分之后再进行的圆筛筛分称之为撩筛；抖筛使用的设备是茶叶抖筛机，主要作用是分清茶叶的粗细和长圆，抖筛一般要进行两三次，第一次称毛抖、第二次称紧门、第三次称后紧门。茶叶精制过程中采用先经圆筛将粗大头子筛出，后用抖筛分粗细，称"先圆后抖"，反之则称"先抖后圆"。③轧切。作用是使用切茶机将过长的条形茶切短和过粗的条形茶与过大圆形茶轧细。④风选。是茶叶精制中定级的主要技术。应用茶叶风选机，利用不同身骨茶叶的密度不同借助风力使不同身骨密度的茶叶在不同位置下落而分开，从而分清茶叶等级。⑤拣剔。经过筛分和风选后的茶叶，还可能含有梗、筋、夹杂物等，必须利用机械和手工剔除。⑥复火干燥。目的是除去毛茶收购和贮运等环节吸收的过多水分，紧结茶条，提高色、香、味品质。复火干燥有烘、炒等方式，前者用茶叶烘干机、后者通过车色机完成。茶叶精制过程中，有的采取付制前先复火滚条，然后进行筛分整理，称"熟做"；有的则采取不进行复火即开始筛分整理，称"生做"。

82. 绿茶应怎样进行精制和筛分整理？

出口绿茶的精制，有生做、熟做和生熟混做之分，并且在筛分过程中有先圆后抖和先抖后圆之分。以眉茶的精制为例，原料茶为长炒青绿毛茶，一般8孔以下的茶叶不分路，不需上拣，在撩筛后可直接补火车色、风选定级。嫩度较好的毛茶，多采用"熟做熟取"、分路取料，通过筛分，分成本身路、圆身路、长身路、筋梗路进行加工，其中本身路的一般工艺流程为复火—滚条—毛茶分筛—毛抖—毛撩—复抖—复撩—机拣—风选—电拣—手拣—补火—车色—净茶分筛—紧门—净撩—半成品拼配—匀堆装箱。目前随着鲜叶原料嫩度趋好和色差拣梗机等设备的应用，使上述工序显著减少。此外，圆身路、长身路、筋梗路，因茶叶数量显著较本身路少，并且在制品形态较接近，工序相对较少，甚至在茶叶嫩度好，除本身路茶叶外，其他路茶叶数量较少，大多采取分别单独处理。

珠茶的精制常采取"生做热取""分路取料"，即毛茶投料不复火，直接分筛，炒车前为"生做"、后为"熟做"。取料分原身、轧货、雨茶三路，三级以下不分路。

烘青绿茶的精制多采用"单级付制，多级回收"，并且多采取"复火提香""先抖后圆"。即湿坯复火采用"低温、恒温（100～120℃）、慢速"的干燥方法；并且采用抖筛机先分茶条粗细，再用圆筛机分出长短。通常采用本身、圆身、子口、筋梗4路取料，圆身、子口、筋梗3路在制品形态上较接近，精制工序较少，本身路常用的精制工艺流程为：复火—抖筛—分筛—复抖—毛撩—紧门—净撩—机拣—风选—清风—手拣—半成品拼配—拼堆装袋。

龙井茶与扁形茶的精制，采取"单级付制、单级回收"，采用手工或机械通过筛、簸、拣等工序，去除黄片和茶末，使茶条大小均匀，并将筛头进行挺长头（复炒），缩紧茶条身骨，使茶条干燥一致。其他名优绿茶如毛峰茶、卷曲形茶等，鲜叶细嫩，富显毫毛，为了避免断碎，一般在毛茶加工后不再进行筛分和风选，多用手工拣除黄片，并适当用手工筛除茶末，简单整理即完成。

83. 红茶应怎样进行精制和筛分整理？

红茶精制主要分为工夫红茶精制和红碎茶精制两大类。

工夫红茶精制多采用"单级拼和，单级付制，多级收回"方式，三级以上毛茶生做，四级以下毛茶熟做。采取本身、长身、圆身、轻身4路取料。本身路和长身路的精制工艺基本相同，工艺过程为：烘干—滚筒圆筛—抖筛—分筛—撩筛—套筛—电拣—机拣—风选—手拣—补火—撩头割脚—匀堆装箱。圆身路系对由长身路来的头子茶进行反复切抖，抖底经圆筛、风选后，一两次切的一口茶作本级，3次切后作降级；二口以下交轻身路。轻身路系本、长、圆路风选二口以下茶坯，按质分别进行切抖、风选取出各级轻身茶。

红碎茶的精制，毛茶归堆以内质为主，外形为辅，品质以浓、强、鲜为上，毛茶要求及时精制，一般采取"单级付制，多级收回"。精制时，先经抖筛，抖头付切，抖底用5、6、7、12号筛分筛，6号以上分别风选后，取叶1、叶2；7号以下交碎茶堆。成品拼配比例，正身和长身4.5～9孔茶拼配外销叶茶；9～16孔茶拼配外销碎茶；轻身10～16孔茶，拼配外销片茶；20～40孔茶拼配末茶。

第九篇 再加工茶的加工

84 再加工茶有哪些主要类型？产品有何特点？

再加工茶是指在茶叶初制加工制品（毛茶）基础上，通过再加工技术而形成的茶叶产品。通常有花茶、紧压茶和袋泡茶等。

花茶又称熏花茶、窨花茶，它由茶叶配以鲜花窨制而成，既保持了纯正的茶味，又兼具馥郁的鲜花香气，花香茶味，别具风格，为我国所特有。花茶加工因为应用的鲜花和茶坯类型不同，常见的花茶类型有茉莉烘青花茶、白兰烘青花茶、玳玳烘青花茶、桂花花茶、玫瑰红茶花茶等。

紧压茶为我国的特产，也称为蒸压茶，系将黑毛茶原料采用蒸汽蒸软，然后装模压制而成的茶叶产品，蒸压是紧压茶加工的关键工序。紧压茶的花色品种较多，常见的有湖南茯砖茶、湖北青砖茶、云南紧压茶和广西六堡茶等，其品质特征为色泽黑褐，香纯味醇。

袋泡茶是以一定规格的碎型茶原料，应用专用包装滤纸，由袋泡茶包装机、按袋型和包装规格要求，而分装成袋的茶叶产品。袋泡茶能够保证包装前、后茶叶的风味基本相同，饮用时一袋一杯冲泡，因为每包包装的茶叶量固定，故每次冲泡的用茶量易于控制，并且清洁卫生，携带方便。袋泡茶按包装的内含物类型，可分为纯茶、保健茶和混合型袋泡茶；按内袋的茶包形状，可分为单室（信封）袋、双室袋和金字塔包袋泡茶三大类型，分别用不同性能的袋泡茶包装机进行包装。

85. 花茶加工有哪些基本工序?

各类花茶的加工窨制方法大同小异,基本加工工艺有茶坯和鲜花处理、窨花拼和、通花散热、收堆续窨、筛分起花、复火干燥、匀堆装箱、提花增香和压花等工序。

茶坯和鲜花处理 窨制花茶的茶叶原料有绿茶、红茶、乌龙茶等,以烘青绿茶最为普遍。毛茶经过精制或筛分整理,形成各级茶坯。在窨制前一般要先用烘干机进行复火干燥,热风温度 110～120℃,至含水率为 6.5%～7.0%,冷却后入库待窨。花茶种类不同,应用的鲜花种类也不一样,鲜花处理方式也稍有差异,一般鲜花是在呈成熟花苞时采摘进厂,通过适当的摊放、堆积和筛分,开放度达到 80% 时投入窨制,效果最佳。

窨花拼和 是形成良好花茶加工品质的关键工序。就是将经过处理后的茶坯与鲜花,用手工或机械、按一定比例、进行均匀拌和和堆积,使茶坯充分吸收花香。作业时,一般是将一定厚度茶坯平铺在洁净的地面上,然后把处理好的鲜花均匀地撒在茶坯上,就这样一层茶坯一层鲜花铺数层,然后用铁耙将茶坯与鲜花充分拌匀,堆放成条块状,或放入箱、囤内,窨至茶坯含水率为 14%～20%,且温升高到一定程度时,进行通花散热。

通花散热 花茶窨花过程中,当堆温超过一定极限值如茉莉花茶窨制堆温超过 45℃ 时,要及时进行摊放散热,通常称为通花散热。具体操作一般是用铁耙将窨堆散开,摊开散发热量,窨品摊放厚度 10 厘米左右,此后 10～15 分钟开沟翻动一次,历经 30 分钟,窨品温度降至 35～38℃,收堆续窨。

收堆续窨 将摊开的窨品,重新按规定高度与宽度堆积起来或放入箱、囤继续窨制。

筛分起花 当茶坯已充分吸收花香,窨制完成,用起花机将窨堆中的茶坯(湿坯)与花分开,筛出的花称"花渣"。

复火干燥和匀堆装箱　窨制过程中茶坯因吸水而形成湿坯，一般应进行复火干燥。复火采用茶叶烘干机，热风温度为110～120℃，多窨次茶的最后一次复火，应控制好产品的最终含水率。复火后的茶坯应及时薄摊冷却。

提花增香　花茶的窨制过程，可进行一次、两次、三次或更多次。窨制完成的茶坯，若再用少量鲜花窨制一次，筛出花渣（起花），并不再复火，称作提花增香。提花后的花茶，分别称作"一窨一提""二窨一提""三窨一提"等花茶产品。成品花茶产品要求及时匀堆装箱，最好当天窨制当天就装箱完毕。

压花　花茶加工，把用花渣与低档茶坯拼合窨制称作"压花"。窨制时一般是将100千克茶坯配60～70千克花渣充分混合，堆成高50～60厘米块状垛，静置4～5小时。若堆温升高至48℃时，通花散热，温度下降后马上收堆，堆高30～35厘米，约1小时后起花，完成低档花茶的压花窨制。

86. 茉莉花茶加工应如何进行茶坯和鲜花处理？

茉莉花茶窨制过程中，茶坯处理的主要目的是通过筛分整理，形成各级茶坯，并通过复火干燥，去除茶坯中的过高含水。复火应掌握的原则是高温、快速、安全。复火应用的设备为茶叶烘干机，热风温度120～130℃，摊叶厚2厘米，历时约10分钟，既要求达到充分干燥，又切忌产生老火和焦味。茶坯烘后的含水率应控制在3.5%～5.0%，高档茶因窨次多，烘后的茶坯含水率要求为3.5%～4.0%；中档茶窨次较多，茶坯的含水率与高档茶相比，适当要低；低档茶因为只窨一次，茶坯烘后含水率为4.5%～5.0%即可。茶坯复火后要进行摊凉散热，至坯温降到高于室温1～3℃，便可付窨。

花茶窨制使用的鲜花，以茉莉花最为普遍。茉莉鲜花洁白高贵，香气清幽文雅。鲜花进厂后，要按品种、产地、品质、采摘时间分别进行摊放，厚度5～8厘米，不超过10厘米。鲜花通过摊

花，花温会逐步下降，在降至比室温高 2～3℃时应收堆，促进鲜花开放。堆花高度一般为 40～60 厘米，长、宽视场地大小而定，花温应控制在 42～45℃，过高则应摊花散热，当花温降至与室温接近，再行堆花，约经 30 分钟，花温又逐渐升至 42～45℃，再行摊花散热，如此反复 3～5 次，鲜花大部分开放，进行筛花。筛花用平面圆筛机，配备筛孔为 12 毫米、10 毫米、8 毫米、6 毫米的四面筛，分出净花、青蕾和花柄等。净花按大小分为大、中、小号花，分别用于窨制高档茶、中档茶和片、末茶，青蕾和花柄等则弃而不用。当净花开放率达到 90％时，即可付窨。

87. 茉莉花茶应如何进行加工？

　　茉莉花茶多以烘青绿茶为原料茶坯，成品茉莉花茶外形条索紧细完整，色泽黑褐油润，香气鲜灵持久，滋味醇厚鲜爽，汤色黄绿明亮，叶底嫩匀柔软。

　　为保证茉莉花茶的良好品质，窨制时应按产品标准要求，确定窨次和配花量。茉莉花茶的窨制工艺过程有白兰花打底，茶、花拌和与静置窨花，通花散热，收堆续窨，起花，压花，烘焙与冷却等工序。

　　白兰花打底　为增强茉莉花茶的香气浓度，在茶坯与茉莉花窨花拌和之前或窨制过程中加入少量白兰花，称之为"打底"。白兰花打底，一般仅用于茉莉花茶，并且大多与茉莉花拌和同时进行，每 100 千克茶坯用白兰花 0.3～0.7 千克，起花时白兰花花渣要全部筛出，提花时不打底。

　　茶、花拌和与静置窨花　将茶坯用量 1/3～1/4 撒铺在清洁的地面上，将茉莉花均匀铺在茶坯面上，然后一层茶一层花逐层上铺至 2～4 层，用齿耙将茶堆自上而下扒开并翻拌，使茶、花拌和均匀，要求操作要轻、要快，在 30～60 分钟内拌和作业要全部完成。拌和后堆成长方形或圆形堆垛静置窨花，堆垛厚度一般为 25～30 厘米，茶坯量以 200～300 千克为宜。少量高档花茶可采用箱窨，茶、花拌和后装入茶箱内静置窨花，茶坯厚度以 20～30 厘米、不超过 30 厘米为宜。

通花散热 在茶、花拌和后 4～5 小时，堆温达到 45～50℃ 即需通花。用齿耙将窨堆纵向顺序扒开，呈条沟状，再横向扒开薄摊，厚约 10 厘米，以降低堆温。每隔 15 分钟翻拌 1 次，要求通得透，散热快。当堆温降至 37℃（较室温高 2～3℃），收堆续窨。

收堆续窨 收堆时堆温不得低于 30℃，也不能高于 38℃，堆高应比窨花堆低 5 厘米，收堆后续窨 5～6 小时，堆温升至 40℃ 左右，窨制完成。

起花 窨制完成后，要求所有窨堆应在 3 小时内全部起花完毕，并且湿坯中不带花渣，花渣中不带茶条，起花后的湿坯要及时烘焙干燥。

压花 利用提花或五六窨次的花渣，与四级以下或有轻微烟焦味等品质缺点的茶坯拼和窨制，茶坯与花渣按 1.0∶（0.6～0.7）充分混合，堆成高 50～60 厘米块状垛，静置 4.5～5.0 小时，当堆温高于 48℃ 进行通花，通花要快，热气散去、温度下降马上收堆，收堆堆高在 30～35 厘米，约 1 小时后起花。

烘焙与冷却 通过窨花，茶坯含水率一般由 4%～5% 升高至 12%～18%，故应及时烘焙干燥。烘焙用茶叶烘干机，依茶坯等级和窨次不同，热风温度为 95～120℃，高档或一两窨次热风温度可较高。湿坯摊叶厚度一般为 2 厘米左右，历时 8～10 分钟，烘后坯温高达 70℃，应立即摊凉散热，至接近室温马上装袋收藏，避免回潮。当上述窨制一次拌和窨花、一次起花过程完成，生产中就称作一个"窨次"，高、中档茶坯窨制过程一般要重复多次即"多窨次"，窨次转接则称作"转窨"。

提花装箱 提花作业程序与窨花基本相同，用花量少，茶、花拌和后，经 6～8 小时，一般不必通花，起花后也不烘焙，茉莉花茶产品出厂含水率标准为 8.0%～8.5%，并立即装箱贮存。

20 世纪 80 年代研究发现，茶坯在 10%～30% 的较宽含水率范围内吸香能力最佳。为此，若一个窨次结束茶坯含水率在上述范围，就不再进行烘焙干燥，直接进行连续窨制，称为花茶窨制新工艺。

88. 桂花茶应如何进行加工？

桂花茶多为桂花烘青茶，现以其加工为例，对桂花茶加工技术介绍如下。

茶坯复火后，含水率要求为 4%～5%、茶坯温度下降至 35～40℃；鲜花进场后应及时薄摊去除表面水分，并及时筛分，剔除枝叶、花柄和杂物，即可付窨。

桂花茶的窨制一般采取一窨一提，配花量为茶坯量的 20%～25%，其中窨花用花量约 20%，提花用花量 3%～5%。有的仅采用单窨而不提花，配花量一般为 20%，有的甚至只有 4%～5%。用花量的大小主要根据市场需求、茶坯级别和鲜花质量确定。

桂花茶窨制时，采用堆窨方式进行窨制。将茶、花充分拌和，堆高 25～30 厘米，窨花总时间 18～20 小时，中间通花 1 次，在堆温升至 38～40℃及时通花。通花薄摊约 30 分钟后，坯温降至接近室温即可收堆续窨。实践证明，出花后再烘干比带花烘干成品茶的鲜爽度好，但是烘干前出花花渣不易取出，故一般还是采用带花烘干，烘干后再筛除部分花干。配花量较少时如仅 4%～5%，可不必起花。桂花茶的烘干温度最好在 100℃以下，薄摊、低温、慢速烘干，成品茶烘至含水率 7.0%～7.5% 为适度。提花的配花量可根据茶坯干度状况灵活掌握，但用量不可超过 5%，否则成品茶水分含量容易超标，提花后不复火。

复火干燥及提花后的成品茶，必须及时冷却，并将同级产品充分拌和，使之均匀一致，过磅装箱。

89. 玫瑰花茶应如何进行加工？

玫瑰花香馥郁持久，一般用来窨制红茶，而有些企业也用来窨制绿茶，故玫瑰花茶有玫瑰红茶和玫瑰绿茶之分。

玫瑰花茶加工有茶坯与鲜花处理、窨花拌和、起花与复火、提花与匀堆装箱等工序。

茶坯与鲜花处理　窨制玫瑰花茶的茶坯，复火后适当冷却，窨制用绿茶茶坯温度掌握在 30～35℃ 时窨制。鲜花进厂经适当摊放，并折瓣摘去花蒂、花蕊，筛花后用净花瓣付窨。窨制玫瑰红茶，1～6 级茶均为一窨，每 100 千克茶坯配花量分别为 15 千克、14 千克、13 千克、12 千克、11 千克、10 千克。窨制绿茶，外销二级玫瑰绿茶，二窨一提，每 100 千克茶坯配花量头窨 30 千克，二窨 15 千克，提花 5 千克；内销六级玫瑰绿茶一窨一提，每 100 千克茶坯配花量为 10 千克用于窨花，4～5 千克用于提花。

窨花拌和　若窨制玫瑰红茶，茶坯复火后冷却、温度尚有 40～45℃ 时，即与玫瑰花瓣拌和，囤放或堆窨，经 5～10 小时，开堆拌匀，转入箱窨，经 18～20 小时，起花复火。若窨制绿茶，茶坯冷却至 30～35℃，与玫瑰花瓣拌和，打堆窨制，堆高约 40 厘米，经 4～5 小时，堆温升至 40℃ 时，通花散热，待堆温冷却至高出室温约 2℃，收堆续窨，经 5～6 小时起花。

起花与复火　平面圆筛机配置 2 号筛进行起花，花渣与湿坯分别上茶叶烘干机复火，烘后含水率要求达到 7.5%～8.0%。

提花与匀堆装箱　选用清洁花瓣进行提花拌和，经 5～8 小时，筛出花渣可用于烘花干，然后再将花干与茶叶拼和（也有不拼的），进行匀堆装箱。

90. 紧压茶有哪些主要类型？对所压制的砖片品质有何要求？

紧压茶（蒸压茶）是一种先将黑茶原料汽蒸，再压制成型的再加工茶，蒸压是紧压茶加工最基本的关键工序。我国生产的成品紧压茶分砖块形和篓装形两种类型。砖块形的有湖南黑砖、花砖和茯砖茶，湖北青砖茶、云南紧压茶（沱茶、七子饼茶、紧茶）以及四川紧压茶等；篓装形的有湖南的天尖、贡尖和生尖以及广西的六堡茶等。紧压茶由于产区、花色类型不同，其茶叶原料和加工技术也有所差异。

紧压茶生产主要集中在湖南益阳、湖北咸宁、四川雅安、广西梧州、云南思茅、下关等地区。现全国紧压茶的生产，分别有定点和非定点企业 26 家和 40 多家，年生产能力达 10 万吨以上。紧压茶多销往西北藏族、蒙古族、维吾尔族等广大兄弟民族集聚地区，以边销为主，故历史上习惯将紧压茶称为"边茶"。

紧压茶被压制成各种形状，外观品质要求是，形状匀整端正，棱角整齐，模纹清晰，重量恒定（正差≤1%，负差≤0.5%），尺寸相同，松紧适当，色泽一致。内质品质要求是，汤色、香气、滋味正常，含梗量符合标准规定。1993 年前，国家标准中对紧压茶尺寸规定严格，2002 年紧压茶国家标准进行修订，删除了外形尺寸指标，故目前市场上的紧压茶产品，尺寸形状丰富多彩。

91. 茯砖茶应如何进行压制？

茯砖的原料茶是黑毛茶，特级茯砖用三级黑毛茶压制，普通茯砖用三四级黑毛茶和其他茶拼合后压制。

茯砖茶的压制加工有汽蒸、渥堆、称茶、蒸茶、紧压、定型、验收包装、发花干燥等工序。

汽蒸　原料茶拌和均匀后，投入蒸茶器中蒸茶，蒸汽温度 98～102℃，时间约 50 秒，使茶坯吸湿变软。

渥堆　将汽蒸后的茶坯堆高 2～3 米，成方形，经 3～4 小时，叶温升至 80℃左右，青气消失，色泽变黄，将茶堆扒开散热，待叶温降至 45～50℃，堆高降低至 1.5 米左右待用。

称茶　按茯砖茶每块重量 2 千克，折算成湿坯重量，准确称茶。

加茶汁搅拌　为促进茯砖"发花"，每片茯砖茶加入用茶梗和茶籽壳熬煮的茶汁 250 克，以达到湿砖含水率 23％～26％为度，并搅拌均匀。

蒸茶 用蒸茶器通蒸汽蒸茶，时间5~6秒。

装匣压制 在砖模匣内放好木衬板和铝底板，稍擦茶油，装茶入匣，趁热扒平，边缘和四角稍厚，趁热盖好已擦油、刻有文字和花纹的模板（俗称"花板"）。

紧压 将装好茶坯的茶匣推进压力为80吨的预压机下预压，压缩茶坯体积，并放入"花板"。然后将预压后的茶匣推至第二个蒸茶台前，装入第二片砖的茶坯，压紧后上闩固定，这样每匣可压2片。然后将压紧的茶匣转移到凉砖车上冷却定型，时间2.0~2.5小时，最少也不得短于100分钟。接着按压制先后退砖，退砖机压力稍小，压头下降，顶出砖片。然后用装有4片刀片的修砖机修平砖片，观察每片砖厚是否一致，商标花纹是否清晰，抽检单片重量和含水率，不合格者退料重压。

发花干燥 将砖片整齐间隔排列在烘砖架上推入烘房，前12~15天为"发花"期，后5~7天为干燥期，总烘程为20~22天。发花期温度保持在26~28℃，相对湿度保持在75%~85%，利于曲霉孢子繁殖，产生大量黄色粉末状孢子，使砖内生成许多金黄色花斑，俗称"金花"或"黄花"，并且金花越多品质越优秀。干燥期温度必须逐渐上升，每天升温2~3℃，先慢后快，最后升至45℃为止，待砖坯水分含量降至14.5%左右，停止加温，开窗冷却，出烘包装。

92. 青砖茶应如何进行压制？

青砖的原料茶是湖北老青茶，主要集中于湖北赵李桥茶厂制造。其压制过程有称茶、蒸茶、预压、压紧、定型、退砖、修砖、干燥等工序。

称茶 青砖每片重2千克，洒面茶和底面茶各占6.25%，里茶占87.5%，按此比例折算称茶。洒面茶和底面茶各装在小篾筐中，里茶装入木蒸盒内。

　　蒸茶　用 98～102℃ 蒸汽蒸茶，使叶温达到 90℃ 以上，蒸约 3.5 分钟，叶子变软，含水率达 17％ 左右为适度。

　　预压与压紧　先将蒸过的底面茶倒入斗模，再将里茶倒入，然后将洒面茶倒入盖在上面，立即盖上有"川"字和蒙文"ᠴᠠᠢ"字的铅盖板和角铁翅，接着在压力机上预压成型。然后再用蒸汽压力机进一步压紧茶砖，并固定斗模两头的螺丝。

　　冷却定型和退砖　将斗模置于斗模车上 70～80 分钟，时间不宜过短，冷却定型。定型后用压力机将茶砖从斗模中退出。然后进行修砖，修平砖边，剪去突出的叶子。

　　干燥包装　堆码茶砖，送入具有暖气的干燥室内干燥。前期 3 天、室温 35～40℃，相对湿度约 90％；中期 3～4 天、室温 40～45℃，相对湿度 80％ 左右；后期 3～4 天、升高至 55～70℃，直至干燥适度，停止加温，冷却 1～2 天，出烘。出烘后逐块包装，装入衬有箬叶的篾篓中，每篓 27 片，即所谓"二七砖"，现在也有企业改为每篓装 16 片，捆扎后刷唛。

93. 康砖茶与金尖茶应如何进行压制？

　　制造康砖和金尖的主要原料茶是做庄茶，压制前将面茶和里茶分别筛分整理去杂。原料茶选配应考虑其水浸出物含量，康砖茶水浸出物含量必须达到 30％～34％，金尖茶应达到 20％～24％。康砖与金尖压制工艺基本相同，有称茶、蒸茶、筑包、定型和包装等工序。

　　称茶与蒸茶　康砖茶每块标准重量为 0.5 千克，用洒面茶约 25 克；金尖茶每块标准重量为 2.5 千克，用洒面茶约 50 克。称茶后放入蒸茶器内蒸茶，每次蒸茶时间 30～40 秒。

　　筑包　用夹板锤筑包机筑制。先将 120 厘米长条形篾包（茶笺）装入模子里，拨开包口，洒入面茶的一半（康砖 12 克、金尖 25 克）再将里茶均匀倒进，开动筑包机压制，康砖压 2～3 次，金尖压 8～10 次，然后洒入另一半面茶，放入篾页一张，即为第一块茶砖筑成。之后依次放第二块、第三块……直至筑满一包为止（康砖20块、金尖4块），筑完最后一块，放上木楦，再打一锤，取出木楦，内加护口茶一把，将篾口折卷用竹钉封口，开模，取出茶包。

冷却定型　将茶包堆码在通风的地方，要求在1～2天内堆温由50℃降到室温，再放置定型3～5天，至茶砖水分含量降至出厂标准即可包装。

包装　将茶砖从篾篓中倒出，俗称"倒包"，逐块检验，合格砖茶每块放置商标纸一张，用黄纸包封，每4大封用篾条捆扎为一条包，再装入原来的篾篓中，并用竹篾扎紧，刷上唛头代号。为便于区分识别，规定康砖在筑包外打印上一个红色圆圈，金尖包外打印上一个黑色圆圈，圆圈直径约7厘米。

94　六堡茶应如何进行压制？

六堡茶的原料茶有六堡毛茶和晒青毛茶两种。过去采用汽蒸后渥堆，时间1天左右，虽叶色变化较快，但陈化较慢。现改用发水渥堆工艺，品质显著提高。其压制过程有发水潮茶、渥堆、蒸茶、踩篓、晾包、仓储陈化等工序。

发水潮茶　每100千克茶坯加水8～10千克，充分拌匀，使茶叶吸潮，含水率达到18％～20％。如用晒青毛茶压制六堡茶，发水要足量，茶叶含水率达到20％～25％时，方可进行渥堆。

渥堆　将吸潮茶叶堆起，堆高1米左右，上用席子覆盖。一天后堆温逐渐升高，两天后可达40℃左右，三天后达60℃左右，这时翻堆散热。渥堆过程将延续7～8天，中间翻堆1～2次。待叶色转为红褐、香味醇和，渥堆结束，茶叶水分含量下降至18％以下。

蒸茶　六堡茶因规格差异，每篓的茶叶量为40～55千克，在每篓茶量确定后，分三次称茶蒸茶，每次蒸茶时间均约5分钟，散热使叶温冷至低于80℃，装入篾篓。

踩篓　茶叶分三次装篓，装一次压一次，压紧后加盖，缝口成包。晾置6～7天，叶温降至室温，进仓贮放。

仓储陈化 茶包进仓堆放半个月，再移入地仓堆放，仓库内相对湿度应保持在 85％左右，促使叶质陈化，经半年左右，完成陈化过程，形成了六堡茶"红、浓、醇、陈"的品质风格。陈化后箩内茶叶发出"金花"，则品质更佳。

95. 普洱饼茶和圆茶应如何进行压制？

普洱茶有传统普洱茶和一般普洱茶之分。传统普洱茶是指用云南大叶种晒青毛茶经蒸压成沱、饼（生茶）型等紧压茶，自然干燥，存放一定时间，在湿热作用和自然氧化条件下，形成普洱茶的品质特色。而一般普洱茶，是以云南大叶种晒青毛茶为原料，经适度回潮、渥堆发酵、筛分形成的各级筛号散茶，再蒸压成形的沱、饼（熟茶）型等紧压茶。生茶和熟茶的压制方法基本一样。压制过程有称茶、蒸茶、冲压成型、干燥、包装等工序。

称茶 付制前，茶坯有时要洒水回潮，使茶叶含水率达 15％～18％。按饼茶每饼净重 0.125 千克，圆茶（七子饼茶）每饼净重 0.375 千克，加上水分含量准确称茶。原料茶分底茶和盖茶，按比例分别称出付蒸。

蒸茶 原料茶用蒸汽蒸 5 分钟左右，使叶子变软，含水率达 18％～19％。

压饼 把蒸好的茶叶放入模中，先放底茶后放盖茶。铺匀，重压至紧。

定型脱模 冲压后放置冷却定型，时间约 30 分钟，然后脱模。

干燥 饼茶和圆茶过去采用自然风干的方法，茶饼码放在晾干架上，风干时间 5～8 天，多者 10 天以上。现在多改用烘房干燥，室温 45℃左右，20 小时左右即达到干燥程度。

包装 饼茶每饼重 0.125 千克，4 饼为一筒，用商标纸包装，75 筒为一件，装在篓篮中，捆扎，每件净重 32.5 千克。圆茶每饼重 0.375 千克，用笋壳或牛皮纸包装，7 饼为一筒，故称"七子饼茶"，用牛皮纸包装，12 筒为一件，用胶合板箱包装，每件净重 30 千克。

96. 沱茶应如何进行压制？

云南沱茶的原料茶是滇晒青茶，四川、重庆沱茶的原料茶是以炒青、烘青、晒青茶为配料。云南生产的沱茶以绿茶（滇青茶）为原料的称"云南沱茶"，以大叶种晒青毛茶为原料的称"云南普洱沱茶"。沱茶的压制工艺有称茶、蒸茶、袋揉压制、定型脱袋、干燥、包装等工序。

称茶 根据沱茶的重量规格（0.1 千克、0.25 千克、0.5 千克）称茶。分盖茶与底茶，盖茶占 25%，底茶占 75%。

蒸茶 将原料装入底板冲孔的蒸茶圆筒内，通入蒸汽，汽蒸 10～12 秒，使叶子受热变软。

袋揉压制 将蒸叶趁热倒入圆底三角形小布袋中，将袋口收紧，左手拇指紧挟袋颈，右手按住茶袋在台上轻轻揉转几下，然后将袋口结放在茶团中心，翻转茶团使袋底朝上，用圆柱形小木楦顶住袋口结，双手捧住茶团下压，使袋口结陷入茶团，初步压成碗臼形。取出木楦，将茶团放在人坐横杆沱茶成型工具下或曲轴式沱茶压力机下的臼形钢模中施压成型。

定型脱袋 沱茶压好，连布袋一起放在盘架上散热冷却，1 小时后从布袋中取出窝窝头状的沱茶。

干燥 用商标纸逐袋包装，送入烘房烘干，烘温 45～55℃，约经 36 小时后，沱茶含水率达 9.0% 以下出烘，完成沱茶的压制加工，送去包装。

包装 云南下关沱茶 0.1 千克一只，精装每只一盒，160 盒一箱，每箱净重 16 千克；简装时不装盒，5 只装一筒，60 筒装一箱，每箱净重 30 千克。重庆沱茶每箱 20 千克。

97. 袋泡茶加工有哪三大生产要素？包装操作过程如何？

袋泡茶的加工和包装，有内含原料、包装材料和袋泡茶包装机三大生产要素。

袋泡茶的内含原料以红茶、绿茶、乌龙茶等纯茶最为常见，如红碎茶、颗粒绿茶和毛茶切碎、分筛形成的碎茶等。袋泡茶原料茶品质要求内质良好，注重香气、汤色和滋味。市场上尚有保健型袋泡茶，是用天然饮料作物的茎、叶，经粉碎或再配入适量茶叶包装而成。不论哪一种内含原料，体形均应符合袋泡茶的规格要求，为16～40孔茶，体形1.00～1.15毫米，1.00毫米以下者低于2%，1.15毫米以上者低于1%。百克容积为230～260毫升，含水率不超过7.0%。

袋泡茶的包装材料，包括用于内袋包装的包装滤纸、用于外袋包装的单胶纸、外包装复合薄膜、提线用棉线、标签及标签与提线粘合用的醋酸聚酯胶、包装盒纸板、装箱用瓦楞纸箱等。其中袋泡茶专用包装滤纸为最重要的核心包装材料。包装滤纸要求抗拉性能良好，包装时在包装机的高速运行拉动下不会破裂，高温冲泡时又不至破损；纤维细密，滤孔分布均匀，冲泡时既能保证茶叶有效成分能快速扩散到茶汤内，又能阻止袋内的茶末渗出，有热封型和冷封型两种类型，以热封型常用。

袋泡茶包装机是一种结构和功能都极为精密的机电设备，袋泡茶的包装作业，过程复杂，操作却极为简单。

袋泡茶包装机按包装应用的包装滤纸不同，可分为热封型和冷封型两种包装机型，以热封型袋泡茶包装机常用。按包装的内袋滤纸袋型不同，袋泡茶包装机又可分为单室袋（信封）型、双室袋型和金字塔包型等类型袋泡茶包装机。

以一台热封型、功能齐全的袋泡茶包装机为例，其包装操作过程如下：作业前，将原料茶投入贮料斗内，将卷筒式内袋滤纸、标签纸、外袋包装纸与纸质分隔板、包装盒纸板、标签及吊线线卷，分别装至各自支架上，整机调整到工作状态。开机包装滤纸将被内袋成型机构拉动前进并被折叠、压制、加热形成包装内袋，这时原料茶进料机构将定量原料茶送入成型的滤纸内袋中，并由加热辊将茶包封口。与此同时，由传动机构将吊有自动折叠成型标签的吊线

一端压入内袋茶包上，然后继续向前，茶包再被包上自动成型的外包装袋，并被热封封口。接着包有外袋的茶包被送入自动成型机构折叠成型的包装盒中并被封口，完成袋泡茶包装，继续前行有自动检测装置将有缺陷的产品挑出，合格袋泡茶成品外套玻璃纸并装箱贮存。

第十篇 新型茶的加工

98. 新型茶有哪些主要类型？产品有何特点？

近些年，我国开发出如低咖啡碱茶、r-氨基丁酸茶、香味茶和冷水冲泡型茶等类型众多的新型茶。

低咖啡碱茶是利用特定技术手段将茶叶中所含的咖啡碱大部分脱除，使茶叶中的咖啡碱含量低于约 1.5%，是一种适于对咖啡碱敏感的特定人群如神经衰弱者、孕妇、老人、儿童饮用的新型茶类。

r-氨基丁酸茶是利用特定技术手段对茶鲜叶进行处理，使鲜叶中的 L-谷氨酸在酶的作用下，生成 r-氨基丁酸，r-氨基丁酸的含量较一般茶叶可提高 10～20 倍从而达到 1.5 毫克/克。动物实验证明，r-氨基丁酸茶具有明显的降血压作用，深受消费者特别是高血压消费者的欢迎。

香味茶是以各种茶叶为原料，采用混合或微胶囊包埋等技术，添加鲜花、水果或植物香料窨制而形成的一类具有花果香味的茶叶产品。特别适应当前年轻一代消费者追求新奇、多样化、刺激性的消费观念，因风味独特、独具魅力而获得快速发展。目前我国已开发出的玫瑰红茶、荔枝红茶、香兰茶等产品在市场上颇受欢迎。

冷水冲泡型茶是一种利用物理、化学等手段，造成茶叶细胞更进一步破碎或是使细胞膜通透性进一步提高，从而使茶叶的内含物能够在冷水中很快溶出的茶叶新型产品，避免了茶叶常用的热水冲泡，特别适合边防战士山区边远地区巡逻和一般人员外出旅游等没有热水供应的场合，用冷水如矿泉水等冲泡饮用，受到市场的广泛欢迎。

99. 低咖啡碱茶加工方法有哪些？如何进行加工？

低咖啡碱茶的加工方法有热水浸渍法和超临界 CO_2 萃取法。

热水浸渍法仅用于低咖啡碱绿茶的加工。作业过程中，将适当摊放后的鲜叶，投入专门设计的茶叶咖啡碱脱除机水温达到 90℃以上的热水浸渍槽内进行浸渍。由于鲜叶中的可溶性成分咖啡碱特别易溶于 80℃以上的热水，也就是说咖啡碱在热水中的溶出速度快；而茶多酚、茶多糖、茶氨酸等其他有效成分的溶出速度相对较慢。故在鲜叶被送入热水浸渍槽内进行浸渍时，鲜叶中的咖啡碱成分，大部分在 2～3 分钟被快速溶出脱除，而其他有效成分在浸渍叶中 90％以上被保留。同时，浸渍状态下的鲜叶，叶温迅速增高，叶中的酶活性被迅速钝化，多酚类物质的酶促氧化被迅速终止，使浸渍叶保持翠绿状态，完成杀青。就这样鲜叶在浸渍过程中，被链条网板结构缓慢推动前进，总时长约经历 3 分钟，浸渍叶最终从水槽末端从热水中捞出。因为这时被捞出的热水浸渍叶叶温很高，故在脱除机后设置了一台与咖啡碱脱除机结构相同的冷却机，高温的浸渍叶被直接送入冷却机的冷水槽中，很快被冷却到接近室温，然后由链条网板机构捞出，装入脱水用布袋，投入工业离心机脱除浸渍叶表面水，然后再送上网带式热风脱水机继续脱水，使加工叶含水率达到 60％～65％，并用冷风吹冷至 30℃左右，后续则可通过揉捻和各类绿茶加工工序进行加工，从而获得各种类型的低咖啡碱绿茶产品。

超临界 CO_2 萃取法，可用于各种低咖啡碱茶的加工。具体工艺过程为，将原料茶干茶粉碎成 0.8～1.2 毫米的碎型茶，并均匀加湿，投入萃取釜中，在设定一定温度和压力后，用超临界 CO_2 流体进行萃取，然后将萃取物的咖啡碱与 CO_2 一起送入分离釜，通过温水洗涤，将溶解在 CO_2 中的咖啡碱洗脱出来，CO_2 则再被送返回萃取釜，继续进行循环萃取。已被脱除咖啡碱的茶叶，从萃取釜中取出，送上茶叶烘干机进行烘干，恢复到原来的干茶状态，完成低咖啡碱茶的加工。

100. r-氨基丁酸茶应怎样进行加工？

r-氨基丁酸茶的加工工艺过程，是先应用特殊处理方法对鲜叶进行处理，使其所含 r-氨基丁酸成分显著增高至 1.5 毫克/克以上，然后对处理叶再用正常的茶叶加工工艺加工成 r-氨基丁酸茶产品。

r-氨基丁酸茶加工的鲜叶处理方法，主要有厌氧处理、厌氧/好气交替处理、红外线照射、微波照射、谷氨酸钠溶液综合处理等。我国开发的 r-氨基丁酸绿茶加工技术，系应用我国自行特别设计的茶鲜叶真空厌氧处理机进行厌氧处理，使鲜叶中的r-氨基丁酸含量显著增高，从而加工出品质良好的 r-氨基丁酸绿茶。

r-氨基丁酸绿茶的加工是将茶鲜叶投入茶鲜叶真空厌氧处理机的真空处理箱内，关闭机器仓门，开动真空泵，使鲜叶处于密闭、真空、缺氧的状态下，随着处理时间的增加，鲜叶中的 r-氨基丁酸含量便逐步增加，直至达到 1.5 毫克/克以上。处理时间一般是夏季不超过 6 小时，春季和秋季 8 小时较为理想，不宜过长，以免引起叶色褐变。处理后的鲜叶，应立即用滚筒式杀青机实施杀青，通过杀青除可钝化酶的活性，保持加工叶的色泽绿翠，形成绿茶特有风格，同时在高温杀青状态下，可消除厌氧处理所产生的"酸味"。然后应用常规绿茶加工用的茶叶揉捻机进行揉捻，应用茶叶烘干机等进行烘干，毛火热风温度 110～120℃，足火 80～90℃，与一般绿茶加工的操作技术相同，烘至含水率 6% 以下，完成用于r-氨基丁酸绿茶的加工。

101. 香味茶应怎样进行加工？

香味茶的种类较多，但主要加工技术基本相同，首先应选择好香味茶加工所需的茶叶原料和需要添加的香料，按一定比例混合窨制，然后再进行干燥和包装。

茶叶原料 通常以红茶和绿茶为原料茶，也可采用乌龙茶或普洱茶，形状不同的茶叶均可加工成香味茶。理想的茶叶原料应茶香典型，并具有较好的香气吸附能力，要求成品茶的茶香和花香协调。一般来说，绿茶原料适宜与清淡优雅的鲜花或水果香型配合，如薄荷、橄榄、水蜜桃等；红茶适宜与浓烈型的水果香型配合，如柠檬、杧果、草莓、橙子等；乌龙茶适宜与香型呈中等浓度的水果或植物香料配合，如桂花、栀子花等。

香料 香味茶加工采用的香料，一类是天然香料，系采用物理方法从动、植物器官或经微生物发酵原料中分离提取出来；第二类是近似天然香料，系采用化学合成或化工分离而取得分子结构与天然香料相同；第三类是合成香料，系用人工合成而在自然界不一定存在的香料。目前香味茶的生产，大多采用近似于天然香料或近似于天然香料与天然香料的混合物，合成香料则很少应用。

混合窨制 香味茶的窨制，一种方法是喷雾，将原料茶送入旋转的滚筒内，然后用喷雾器将液体香精均匀喷入滚动中的茶叶内，每批茶叶在滚筒内的滚动窨制时间要求达到30～40分钟，以满足茶叶有足够时间吸附和固定香味，这种加工方式操作方便、香气显著并均匀，但成品茶在贮存过程中香味易散失，成品茶的包装和贮存条件要求较高。第二种是采用混合方法，采用双螺旋锥型混合机，将颗粒状的微胶囊香精和12～60目细颗粒状的茶叶原料相混合，时间30～40分钟，要求达到均匀良好的混合度。第三种方法是拼配，将干花、干果等植物性干香料，按一定比例添加到茶叶中，然后混合均匀并包装，保持一定时间，保证茶叶充分吸收香气，目前这种加工方式也被广泛应用。

干燥　完成窨制的香味茶，一般都要进行干燥，原则是既要使茶叶含水率达到规定要求利于贮存，又要最大限度保留添加或吸入茶叶中的香气成分。干燥温度不宜过高，一般为 70～90℃，时间 10～20 分钟。

包装　窨制干燥后的香味茶，要求立即进行包装，并且外包装应采用有一定厚度、气密性好的复合型塑料薄膜，以避免香气散失。

102. 冷水冲泡型茶应怎样进行加工？

冷水冲泡型茶的加工方法，有物理方法、化学方法和酶处理方法等。目的是促进茶叶细胞进一步破碎或细胞膜通透性进一步提高，从而使茶叶内含物能在冷水中很快溶出，形成茶汤浓度。

物理方法　冷水冲泡茶加工，常用的物理方法有采用蒸汽杀青、延长揉捻时间和增加切碎等方法。茶叶加工的测定表明，采用蒸汽杀青，成品茶若用冷水冲泡，内含有效成分的浸出率与传统滚筒式杀青加工的成品茶相比，浸出率可提高 10.3%～18.5%；随着揉捻时间的延长，细胞破碎率增加，成品茶冷水冲泡时内含有效成分浸出率也随之提高。实际测定表明，以揉捻时间 40 分钟为对照，在揉捻时间延长到 60 分钟时，有效成分浸出率比对照可提高 81.6%，揉捻 80 分钟可提高 115.4%，揉捻 100 分钟可提高 166.4%；同时，若在绿茶加工揉捻作业以后再增加切碎工艺，成品茶冷水冲泡时内含有效成分的浸出率还可增加 70%，茶多酚和氨基酸浸出率分别可提高 54.0% 和 40.0%。并且，应用物理方法进行冷水冲泡茶的加工简单易行，成本较低，为我国冷水冲泡型绿茶开发所常用。

化学方法　多用于冷水冲泡型红碎茶的加工，其步骤为鲜叶萎凋、C.T.C 机四切后、添加 0.5%～10.0% 抗坏血酸、异抗坏血酸、5-苯基-3，4 二酮-r-丁内酯或者是他们的盐类，然后通过发酵、干燥完成红碎茶加工，可显著提高成品茶冷水冲泡内含物的浸出率，并且用15℃的冷水浸泡5分钟后，汤色的红艳度是普通红碎茶的3～4倍。但是，用这种化学方法加工的冷水冲泡茶，成品茶的卫生水平一般还难以达到我国相关标准要求，尚需进行更深入的试验和研究。

酶处理法 在绿茶加工过程中，采用相同酶活力单位的纤维素酶、果胶酶和蛋白酶分别处理揉捻叶，可显著提高成品茶冷水冲泡内含物的浸出率，但酶处理技术要求和成本均较高，现阶段我国茶叶企业应用尚不普遍，降低加工成本，是冷水冲泡型茶酶处理法加工技术今后攻克的重点。

图书在版编目（CIP）数据

茶加工制造 100 问 / 权启爱著. -- 北京：中国农业出版社，2025. 6. --（名家问茶系列丛书）. -- ISBN 978-7-109-32741-2

Ⅰ. TS272-44

中国国家版本馆 CIP 数据核字第 2025RU9444 号

茶加工制造 100 问
CHA JIAGONG ZHIZAO 100 WEN

中国农业出版社出版

地址：北京市朝阳区麦子店街 18 号楼

邮编：100125

责任编辑：姚　佳

版式设计：杨　婧　　责任校对：吴丽婷

印刷：中农印务有限公司

版次：2025 年 6 月第 1 版

印次：2025 年 6 月北京第 1 次印刷

发行：新华书店北京发行所

开本：880mm×1230mm　1/32

印张：4.25

字数：118 千字

定价：58.00 元